JN082863

コンビナートと地方創生

稲葉 和也

平野　創

橘川 武郎

化学工業日報社

はしがき

　「コンビナートでまちおこし」は共著者である橘川武郎がコンビナート立地自治体に向けて長年発してきた提言である。この言葉は、「地方創生」が叫ばれる以前から使われてきた。地域資源としてのコンビナートは「まちおこし」や「地方創生」のために威力を発揮する切り札になる。コンビナート三部作の完結編である本書の言いたいことはこの言葉に尽きる。

　本書の構成は以下の通りである。「第Ⅰ部　コンビナートと地域社会」においては、コンビナートの重要性を量的な側面と質的な側面とから分析した。そして、「第Ⅲ部　地方創生とコンビナート」においては、コンビナートを「希少財」として捉えて、この資産を積極的に活用することの重要性を説いた。「第Ⅱ部　ケーススタディ」（鹿島、千葉、川崎、四日市、堺・泉北、水島、周南、大分、新居浜）においては、各地域におけるコンビナートの特徴を説明した。コンビナートと地方創生に関して、各コンビナートの歴史と現状を理解することは重要である。コンビナートの今後の方向性を考え、未来への政策を考える上でもコンビナートと立地自治体との歴史的経緯を分析する必要がある。歴史の文脈を理解した上で未来への方策を立てるというのが応用経営史の考え方である。

　各章の要点をまとめると次のようになる。「第Ⅰ部第1章　コンビナートと地域経済」においては、量的な側面からコンビナートが日本の産業や地域経済に果たしている役割が非常に大

きいことを証明した。化学産業は自動車などを含む輸送機械に次ぐ存在感を示し、化学工業は付加価値生産額で第2位を占める重要な産業である。地域別にみる1人当たり製造品出荷額の都道府県における上位10位にコンビナート立地県が八つ入り、10位からもれた茨城県が12位、大阪府が19位に入っている。また、従業員1人当たり製造品出荷額の市町村における上位20位には、エチレンセンターもしくは製油所が存在している自治体が11市町村も入っている。また、コンビナートの存在は地方財政にも大きく貢献しており、財政力指数（14頁参照）において1.0を超えているコンビナート関連市町村が5市も存在する。また、市町村税法人分（法人住民税）において、コンビナート立地市町村がその県内において上位を占めていることは言うまでもない。更に、2006〜2017年におけるコンビナート地区の出荷額等の動向を見ても、日本のコンビナートはこの時期に弱体化しておらず、むしろ健闘していることがわかった。

「第Ⅰ部第2章　コンビナートと地方自治体」においては、地方創生を図る目的で策定された「まち・ひと・しごと創生総合戦略」をコンビナート立地自治体間で比較し、各自治体のコンビナートに関連する諸施策を質的に吟味した。「企業立地数・工場数の増加」、「雇用創出」、「自治体の支援を受けた企業からの投資の奨励」、「港湾や物流基盤の整備による競争力の強化」、「製造品出荷額の増加」、「防災対策」、「人口の増加」などの支援策はコンビナート立地自治体において共通して採られている政策であった。一方、各自治体独自の施策も多く確認された。

例えば、「コンビナートに勤務する若者に向けての婚活パーティにおけるカップル成立数の増加」、「温室効果ガス排出量の削減目標」、「東京一極集中の是正に基づく諸施策」、「コンビナートから生産される副生水素による産業振興」などの特徴ある政策も見いだされた。これらのコンビナート支援策は、一般的な共通のものだけではなく、新たな発想に基づいて考えることも可能であると示唆する。つまり、先入観を取り払ってユニークで時代やニーズに合った施策を創りだしていくことが各自治体に求められるのである。新しいアイデアに基づく施策は「地方創生」に貢献する大きな可能性を秘めている。将来の発展に向けての施策を各自治体は知恵を絞って考えて行かなければならない。

結論部「第Ⅲ部　地方創生とコンビナート第 12 章　本書が明らかにしたもの」においては、人口減少時代に直面して必死の想いで各自治体が「地方創生」に取り組んでいる現状に触れて、コンビナートが経済面でその周辺地域に大きく貢献していることを説明した。固有の資産を活かして、固有のアプローチで取り組むことが自治体に求められるとして、雇用を維持・創出していくことが重要であるとする。自治体にとって、豊富な資産を有し、多様なアプローチを可能にするコンビナートは重要な武器になるとしている。

更にコンビナートの歴史的な経緯と意義について論じる。もともとコンビナートが地方創生の「切り札」として形成されたものであり、実際に日本経済の高度成長の「申し子」として、地元経済の発展に大きく貢献した。しかし、1960 年代末葉以

降の時期には公害反対運動の高揚がもたらされ、その後、強引なコンビナート開発方式が見直されて、コンビナートを構成する各企業が公害防止対策を強化した。そして、21世紀に入って、「コンビナート・ルネッサンス」という言葉が登場し、コンビナートに対する再評価が進むことになった。それから、2008年をピークに日本の人口が減少に転じると、各自治体が積極的に関与してコンビナートが地方創生の拠点として脚光を浴びるようになった。その理由は、コンビナートの高付加価値が再評価されたからであった。

　既存のコンビナートは「希少材」であり、有用な経営資源が豊富に存在する。コンビナートの堅調さを維持する秘訣は、古いものを捨て新しいものを採り入れる新陳代謝にあり、コンビナートもまた、その固有の資産を活かして新陳代謝を重ねない限り、生き続けることはできないと結論づける。

　コンビナート三部作の第一弾『コンビナート統合　日本の石油・石化産業の再生』(2013年)においては、マザーファクトリーを国内に残す方策を中心に論じた。第二弾『コンビナート新時代　IoT・水素・地域間連携』(2018年)においては、今後のコンビナートの発展を支える新しい方向性を提示した。本書『コンビナートと地方創生』では、地域における経済と雇用を支えるコンビナートの重要な役割を論じた。コンビナート三部作を通じて共著者3名が期待することは、企業・自治体・市民が連携・協力しながらコンビナートが今後も競争力を維持しつつ地域社会が持続的に発展することである。

　なお、本書は化学工業日報社の安永俊一氏、増井靖氏、吉水

暁氏、石油コンビナート高度統合運営技術研究組合 (RING) の皆様、企業・行政関係の皆様のご協力で出版できました。この場を借りてお礼申し上げます。

　2020 年 11 月

共著者を代表して

稲葉 和也

目　次

第 I 部

コンビナートと
地域社会

（I）日本の産業構造

　日本の臨海部に広がるコンビナートは、多くの人々にとっては縁遠いものであろう。そして、コンビナートという言葉からは高度経済成長期といった時代背景などが想起され、総体として「やや古い産業の集合体」というイメージをもたれかねない。

　しかしながら、コンビナートが日本の産業や地域経済に果たしている役割は非常に大きい。**図I－1**と**図I－2**は、製造品等出荷額（以下、「出荷額」と略すこともある）と粗付加価値額（以下、「付加価値額」と略すこともある）で上位を占める産業の推移を示しており[1]、コンビナートの中核業種である化学工業は、自動車産業などを含む輸送用機械に次ぐ存在感を示している。化学工業は出荷額こそ食品製造業に次ぐ第3位であるものの、付加価値生産額では第2位である[2]。また、出荷額に対する付加価値額の比率（付加価値額／出荷額）は輸送用機械器具製造業が0.273であるのに対して、化学工業は0.400であり効率的に

---

1) 経済産業省大臣官房調査統計グループ「平成30年工業統計速報」、2019年。（https://www.meti.go.jp/statistics/tyo/kougyo/result-2/h30/sokuho/pdf/h30s-hb.pdf）

2) 食品製造業は出荷額こそ大きいものの、輸出額でみると0.7兆円（2017年度の確報値）に過ぎない。一方で化学工業の輸出額は8.4兆円に及ぶ。なお、輸送用機械の輸出額は18.5兆円である。これらの輸出額に関しては、財務省貿易統計「品目別輸出額の推移（年ベース）」（https://www.customs.go.jp/toukei/suii/html/data/y2.pdf）を参照した。

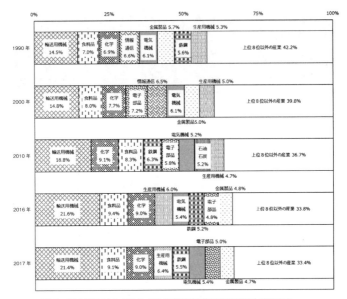

注1：産業分類の改定が行われたため、1990年、2000年の数値を平成20年の分類で再集計し計算している。
注2：1990年、2000年は出版業、新聞業を含む。
注3：2010年以降の値については、調査項目を変更したことにより1990年、2000年の数値とは接続しない。

出所：経済産業省大臣官房調査統計グループ「平成30年工業統計速報」、2019年

図 I − 1　製造品出荷額等の上位産業の推移

付加価値を生み出していることが窺える（2017年の値に基づく）。
これらのことからも化学工業が日本の屋台骨の一つであること
に異論はないだろう。
　コンビナートに関連する様々な業種の出荷額や付加価値額も
併せ見ると、コンビナートが日本の産業において大きな比率を
占めていることがより一層理解できる。2017年の製造業全体
の出荷額（従業者4人以上の事業所）の総額は約317兆2,473億

注1：付加価値額で、従業者4〜29人の事業所については租付加価値額である。
注2：産業分類の改定が行われたため、1990年、2000年の数値を平成20年の分類で再集計し計算している。
注3：1990年、2000年は出版業、新聞業を含む。
注4：2010年以降の値については、調査項目を変更したことにより1990年、2000年の数値とは接続しない。

出所：経済産業省大臣官房調査統計グループ「平成30年工業統計速報」、2019年

図 I − 2　付加価値額の上位産業の推移

円であり、このうちコンビナートに関連する業種である化学工
業は約28兆6,436億円、鉄鋼業は約17兆5,208億円、石油
製品・石炭製造業は約13兆2,830億円、金属製品製造業は約
14兆9,684億円、プラスチック製品製造業は約12兆3,204
億円であり、これらを合わせるとコンビナート関連業種（約86
兆7,362億円）で全出荷額の27.3％を占めているのである[3]。
同様に付加価値生産額を概観すると化学工業は約11兆4,526

億円、鉄鋼業は約 3 兆 6,704 億円、石油製品・石炭製造業は約 1 兆 3,507 億円、金属製品製造業は約 5 兆 9,705 億円、プラスチック製品製造業は約 4 兆 4,803 億円であり、これらを合わせるとコンビナート関連業種（約 26 兆 9,245 億円）で全付加価値額の 26.2％を占めている。

（2）地域別にみる製造品出荷額と付加価値額

　地域経済の側面から見ても、コンビナートの社会への貢献は大きい。『コンビナート統合』においても言及されたように、地域の付加価値生産性を示す指標として「従業者 1 人当たりの製造品出荷額等」がある[4]。**表 I − 1** はこの指標に関して上位 20 の都道府県をまとめたものである。表中の色付けをした都道府県は、石油化学工業の基幹部門とも言うべきエチレンセンターが立地しているもしくは過去に立地していた地域である[5]。表に示されるように、上位 10 県のうち実に 7 県がそれらに該当している（愛知県、和歌山県にはエチレンセンターこそ存在しないものの、類似した業種である石油精製業の製造拠点である製油所が立地していることを考慮すれば、上位 10 県のうちコンビナートとの関連性が低いのは滋賀県に限られる）。

　市町村単位で概観しても、類似した様相を呈している。**表 I − 2**

3）これらの業種の企業がすべてコンビナート地域に存在しているわけではないため、コンビナートの純粋な出荷額とは異なる。

4）稲葉和也・橘川武郎・平野創『コンビナート統合』化学工業日報社（2013 年）、15 − 16 頁参照。

5）石油化学工業においては、まずは石油系の原料（主にナフサ）からエチレン、プロピレンなどの基礎化学品を製造する。この基礎原料を生産する設備は、エチレン設備やナフサクラッカーなどと呼ばれる。これらの設備を有する工場をエチレンセンターという。なお、基礎原料に更なる化学プロセスを施し、加工等を行うことで最終製品であるポリ袋などプラスチック製品などが完成する。

は先述の都道府県のケースと同様に、市町村単位で製造品の出荷額や付加価値額などをまとめたものである。表Ⅰ－2の作成に際しては上位20市町村を記載するとともに、それ以外にもエチレンセンターが立地もしくは立地していた市町、製油所が立地している愛媛県今治市、地理的にそれらと極めて近接している茨城県鹿嶋市、広島県大竹市を加えた。表に示されるように、従業者1人当たり製造品出荷額の上位20市町村のうち、11市町にエチレンセンターもしくは製油所が存在している。上位20には入らなかったものの、岡山県倉敷市、三重県四日市市、神奈川県川崎市なども比較的高い順位を占めている。

　表Ⅰ－2のデータに関連した興味深い点として、すでにエチレン製造を取りやめた製造拠点間（新居浜市と岩国市）で従業者1人当たりの出荷額に大きな差異が見られることが指摘されうる。日本では石油化学工業第1期計画において1958～59年にかけて、国内初のエチレンセンターが誕生していった。これらは先発4センターと呼ばれ、山口県岩国市（三井石油化学）、愛媛県新居浜市（住友化学）、神奈川県川崎市（日本石油化学）、三重県四日市市（三菱油化）に立地していた（社名はいずれもセンター誕生時のもの）。このうち、新居浜市と岩国市ではそれぞれ1983年と1992年にエチレン製造が終了した[6]。現在の両市の状況を比較すると、新居浜市は従業者1人当たりの出荷額で全国第38位、付加価値額で33位であるのに対し、岩国市

6）三菱油化の四日市市にあるエチレン設備も2001年にエチレン生産を停止した。しかし、四日市においては東ソーが現在もエチレン生産を行っている。

表Ⅰ-1　従業者1人当たりの

| 順位 | 地名 | 1人当たりの出荷額・付加価値額 | | | 事業所数 | |
		製造品出荷額等（万円）	粗付加価値額（万円）	同左順位		
1	山口県	6565.8	2223.4	1	1,709	
2	大分県	6151.4	1529.3	15	1,459	
3	千葉県	5846.8	1690.9	7	4,774	
4	愛知県	5551.3	1735.5	5	15,576	
5	愛媛県	5408.1	1517.8	16	2,152	
6	三重県	5239.3	1818.0	4	3,447	
7	岡山県	5217.7	1445.6	18	3,186	
8	和歌山県	5024.2	1548.7	14	1,699	
9	神奈川県	5001.4	1570.8	12	7,604	
10	滋賀県	4927.2	1889.0	3	2,691	
11	広島県	4689.4	1628.0	8	4,802	
12	茨城県	4530.3	1713.2	6	5,043	
13	栃木県	4478.9	1602.7	10	4,210	
14	福岡県	4435.6	1277.2	24	5,219	
15	兵庫県	4328.1	1481.2	17	7,798	
16	群馬県	4264.2	1606.9	9	4,763	
17	静岡県	4143.4	1569.1	13	9,138	
18	京都府	3957.4	1585.8	11	4,215	
19	大阪府	3836.2	1339.5	21	15,784	
20	宮城県	3814.4	1305.1	23	2,629	

出所：経済産業省「平成30年工業統計調査」2019年より筆者作成

は同出荷額で220位、付加価値額で121位と大きな差がある。

　新居浜市と岩国市で大きく状況が異なるのは、元来の産業基盤の厚みや産業振興への地方自治体の取り組みの差に起因しているものと考えられる。新居浜市は住友財閥が大きく発展した

製造品出荷額等の都道府県別ランキング (2018年)

従業者数 (人)	出荷額・付加価値額合計		出荷額順位
	製造品出荷額等 (万円)	粗付加価値額 (万円)	
93,054	610,974,770	206,895,095	19
66,570	409,497,408	101,806,722	26
207,400	1,212,626,962	350,692,674	8
846,075	4,696,805,502	1,468,392,444	1
77,264	417,849,497	117,272,466	25
200,475	1,050,343,774	364,469,431	9
145,720	760,318,225	210,649,610	16
53,037	266,467,369	82,136,863	31
359,025	1,795,642,664	563,961,655	2
158,175	779,359,621	298,797,097	14
216,899	1,017,129,115	353,109,706	10
271,055	1,227,948,841	464,358,424	7
206,152	923,327,966	330,400,182	12
219,552	973,841,535	280,413,319	11
361,956	1,566,588,114	536,146,997	5
211,738	902,903,498	340,234,108	13
405,154	1,678,711,346	635,713,328	4
144,940	573,581,657	229,841,226	20
443,034	1,699,571,197	593,428,036	3
117,177	446,964,935	152,930,266	24

地であり、エチレンセンター企業であった住友化学以外にも住友金属鉱山、住友重機械工業など企業が立地している。また、第Ⅱ部で言及するように、新居浜市は2010年に『新居浜市ものづくり産業振興ビジョン』を策定し、これを現状に即して

表Ⅰ-2　従業者1人当たりの製造品

順位	地名	従業者1人当たりの付加価値、出荷額			事業所数	
		製造品出荷額等（万円）	粗付加価値額（万円）	同左順位		
1	玖珂郡和木町	43038.3	7469.3	2	5	
2	知多市	26194.5	7414.9	3	81	
3	高石市	22061.5	3044.9	27	59	
4	有田市	19080.2	-775.0	1008	56	
5	市原市	18256.6	3985.9	11	244	
6	筑紫野市	17547.1	4192.8	10	69	
7	京都郡苅田町	15555.1	2185.5	80	72	
8	袖ケ浦市	14059.6	2768.6	37	80	
9	田原市	13680.7	4371.9	8	71	
10	豊田市	12690.1	3510.2	18	816	
11	大分市	11467.8	2625.8	44	378	
12	周南市	11157.7	4266.3	9	169	
13	神栖市	11084.1	3517.4	16	183	
14	光市	10987.6	5015.3	6	53	
15	胆沢郡金ケ崎町	10613.1	1835.9	122	31	
16	山陽小野田市	10372.3	1548.1	219	96	
17	苫小牧市	10341.0	1586.2	199	190	
18	上北郡六ヶ所村	10256.0	7909.5	1	12	
19	亀山市	10217.3	2020.8	92	116	
20	君津市	10116.7	3011.3	28	75	
21	倉敷市	10074.2	1611.3	184	720	
32	四日市市	8905.6	3472.0	19	536	
33	川崎市	8757.9	2588.2	47	1135	
36	今治市	8594.6	1773.1	138	388	
38	新居浜市	8412.7	2888.0	33	197	
39	鹿嶋市	8251.6	1725.7	154	63	
48	大竹市	7642.5	3314.6	22	40	
220	岩国市	4199.2	1836.0	121	157	

出所：経済産業省「平成30年工業統計調査」2019年より筆者作成

出荷額等の市町村別ランキング（2018 年）

従業者数（人）	出荷額、付加価値額の総計		出荷額順位	エチレン設備、製油所の存在		
	製造品出荷額等（万円）	粗付加価値額（万円）		エチレン	製油所	閉鎖済み
1,148	49,407,926	8,574,705	156		○	○（石化）
3,875	101,503,764	28,732,638	63		○	
3,408	75,185,583	10,377,173	94		○	
2,293	43,750,963	▲ 1,777,125	175		○	
21,801	398,011,620	86,895,749	4	○	○	○（石化）
2,140	37,550,812	8,972,545	209			
12,889	200,489,686	28,168,972	20			
6,328	88,969,213	17,519,496	75		○	
14,613	199,916,025	63,886,732	21			
114,974	1,459,029,067	403,585,587	1			
22,441	257,349,483	58,925,003	14	○	○	
11,144	124,340,907	47,544,091	41	○		○（製油）
13,448	149,058,891	47,302,384	30	○	○	
4,678	51,399,805	23,461,383	150			
5,464	57,989,892	10,031,462	132			
6,900	71,568,976	10,682,016	99		○	
11,024	113,999,438	17,486,696	47		○	
3,155	32,357,735	24,954,406	238			
10,119	103,389,304	20,448,573	60			
7,652	77,412,880	23,042,114	90			
36,568	368,393,510	58,922,445	5	○	○	○（石化）
34,342	305,837,170	119,234,037	11	○	○	○（石化）
46,734	409,291,599	120,958,224	2	○	○	
11,742	100,918,360	20,820,081	64		○	
9,478	79,736,038	27,372,714	85			○（石化）
7,325	60,442,716	12,640,547	120			
3,920	29,958,645	12,993,082	259			
8,156	34,248,719	14,974,331	231			○（石化）

2016 年に改定するなど、積極的に産業振興へ関わっている。一方で、岩国市も「岩国市まち・ひと・しごと創生総合戦略」[7]を策定し、「基本目標 2　産業振興によるしごとづくり」の中で施策の柱として、①企業誘致の推進、②雇用・起業の促進、③地場産業の育成・支援、④農林水産業の育成・支援を掲げているものの、産業振興に特化したプランは見られず、総合戦略の中にコンビナートに関する記述も存在しない。さらに、岩国を中心とするコンビナートは三井石油化学 (現在の三井化学) と興亜石油 (現在の ENEOS) が中核であるものの、三井化学岩国大竹工場は山口県玖珂郡和木町、同岩国市、広島県大竹市にまたがり、ENEOS 麻里布製油所は和木町に立地し、さらに三菱ケミカル大竹事業所は大竹市に立地するなど一つのコンビナートが複数の地方自治体にまたがり、岩国市は産業の層が相対的に薄いうえ、単独では産業振興の施策を展開しづらい状況にある。

(3) 地方財政への影響

　コンビナートの存在は、地方財政へも大きく貢献している。ここでは、財政力指数と市町村税法人分についてみてみよう。財政力指数とは、地方公共団体の財政力を示す指数であり、この指数が高いほど普通交付税算定上の留保財源が大きいことになり、財源に余裕があるといえる[8]。詳細に説明すればこの指数は、基準財政収入額を基準財政需要額で除して得た数値の過

---

7) 岩国市「岩国市まち・ひと・しごと創生総合戦略」、2015 年。https://www.city.iwakuni.lg.jp/uploaded/attachment/19859.pdf。
8) 財政力指数についての説明やその数値は、総務省「地方財政状況調査関係資料」による。本稿では「平成 29 年度市町村別決算状況調」を参照した。

去 3 年間の平均値によって求められ、1.0 を上回ればその地方自治体内での税収入等のみを財源として円滑に行政を遂行できる。また、市町村税法人分（法人住民税）は、当該自治体に事務所や事業所がある法人に課される税であり、均等割[9]と法人の所得に応じて課される法人税額（国税）を基に課する法人税割[10]が存在する[11]。

　財政力指数を概観すると、2017 年の全国平均は 0.51 であり、全国 1,741 の市町村のうち 1.0 を上回る市町村は 80 しか存在しないにもかかわらず[12]、表 I － 3 に示されるようにコンビナートに関連する市町村のうち 6 市（神栖市、袖ケ浦市、市原市、君津市、川崎市、四日市市）が 1.0 を超えている。また、各都道府県内での財政力指数の順位を概観するとコンビナートに関連する市町村はいずれも県内で上位を占めている。例えば、茨城県内で神栖市は 2 位、鹿嶋市は 5 位、三重県内で四日市市は 2 位などとなっている。

　次に市町村税法人分（法人住民税）を概観しても、コンビナートに関連する市町村は県内で上位を占めている（表 I － 4 参照）。ただし、法人住民税は人口との相関も強い。例えば、茨城県で

9）均等割額は、「税率（年額）×区内に事務所、事業所又は寮などを有していた月数÷12」で求められる。法人の種類や資本金額、管轄区内の従業員数によって税率（年額）は異なる。例えば、川崎市のホームページを参照すると、資本金が 50 億円を超える法人であり区内の従業者数 50 人超であるときに税率が最も高くなり、年額で 300 万円となる。

10）課税標準となる法人税額を市町村ごとの従業者数を基準にあん分して決定される。

11）川崎市ホームページ、「法人の市民税」。

　　http://www.city.kawasaki.jp/kurashi/category/16-5-2-3-1-3-0-0-0-0.html。

12）総務省「平成 29 年度地方公共団体の主要財政指標一覧」を参照。

表Ⅰ－3　財政力指数と都道府県内順位（1/2）

	茨城県（全44市町村）			千葉県（全54市町村）		
	市町村名	数値	全国順位	市町村名	数値	全国順位
1位	東海村	1.46		浦安市	1.52	
2位	神栖市	1.33	17位	成田市	1.28	
3位	つくば市	1.02		袖ケ浦市	1.09	42位
4位	守谷市	0.99		市川市	1.05	
5位	鹿嶋市	0.98	91位	市原市	1.01	67位
6位	ひたちなか市	0.95		君津市	1.00	72位
7位	阿見町	0.91		印西市	0.99	
8位	牛久市	0.87		芝山町	0.97	
8位	土浦市	0.87		船橋市	0.96	
10位	水戸市	0.85		柏市	0.95	

	神奈川県（全33市町村）			三重県（全29市町村）		
	市町村名	数値	全国順位	市町村名	数値	全国順位
1位	箱根町	1.40		川越町	1.31	
2位	厚木市	1.15		四日市市	1.02	60位
3位	鎌倉市	1.08		亀山市	0.93	
4位	藤沢市	1.05		鈴鹿市	0.88	
5位	寒川町	1.05		桑名市	0.85	
6位	海老名市	1.01		いなべ市	0.84	
7位	中井町	1.01		東員町	0.81	
8位	川崎市	1.00	72位	朝日町	0.80	
8位	愛川町	1.00		菰野町	0.78	
10位	清川村	0.98		津市	0.73	

表 I − 3　財政力指数と都道府県内順位 (2/2)

	岡山県 (全 27 市町村)			山口県 (全 19 市町村)		
	市町村名	数値	全国順位	市町村名	数値	全国順位
1 位	倉敷市	0.87	205 位	下松市	0.88	
2 位	岡山市	0.80		防府市	0.82	
3 位	早島町	0.69		周南市	0.79	313 位
4 位	総社市	0.59		宇部市	0.72	
5 位	里庄町	0.59		和木町	0.69	447 位
6 位	玉野市	0.58		光市	0.68	
7 位	笠岡市	0.56		山口市	0.65	
8 位	瀬戸内市	0.55		山陽小野田市	0.64	
8 位	津山市	0.54		岩国市	0.58	622 位
10 位	勝央町	0.51		下関市	0.55	

	大分県 (全 28 市町村)		
	市町村名	数値	全国順位
1 位	大分市	0.90	172 位
2 位	別府市	0.57	
3 位	日出町	0.55	
4 位	中津市	0.50	
5 位	由布市	0.45	
6 位	津久見市	0.44	
7 位	宇佐市	0.43	
8 位	日田市	0.40	
8 位	臼杵市	0.39	
10 位	玖珠町	0.35	

出所：平成 29 年度　市町村別決算状況調 (https://www.soumu.go.jp/iken/zaisei/h29_shichouson.html) より筆者作成

表Ⅰ－4　市町村税法人分 (1/2)

	茨城県 (全 44 市町村)			千葉県 (全 54 市町村)		
	市町村名	税額 (千円)	全国順位	市町村名	税額 (千円)	全国順位
1 位	水戸市	5,061,678		千葉市	16,539,524	13 位
2 位	つくば市	3,718,919		船橋市	6,026,696	
3 位	ひたちなか市	2,770,944		市原市	4,936,762	48 位
4 位	日立市	2,709,479		浦安市	4,877,712	
5 位	神栖市	2,340,612	131 位	柏市	4,068,127	
6 位	土浦市	2,277,699		市川市	3,906,844	
7 位	筑西市	1,792,335		松戸市	3,674,808	
8 位	取手市	1,774,965		成田市	3,464,855	
9 位	古河市	1,692,644		習志野市	2,132,827	
10 位	守谷市	1,286,279		八千代市	1,869,780	
	鹿嶋市	868,295	325 位	袖ケ浦市	1,478,947	205 位

	神奈川県 (全 33 市町村)			三重県 (全 29 市町村)		
	市町村名	税額 (千円)	全国順位	市町村名	税額 (千円)	全国順位
1 位	横浜市	57,025,692		四日市市	6,483,985	32 位
2 位	川崎市	21,539,927	11 位	津市	3,442,099	
3 位	厚木市	10,412,479		鈴鹿市	1,978,685	
4 位	相模原市	6,800,271		伊賀市	1,422,550	
5 位	横須賀市	5,665,340		松阪市	1,330,953	
6 位	藤沢市	4,835,159		桑名市	1,160,162	
7 位	平塚市	3,869,887		伊勢市	1,015,217	
8 位	小田原市	2,668,283		亀山市	866,337	
9 位	伊勢原市	2,002,423		名張市	804,887	
10 位	大和市	1,964,224		いなべ市	605,346	

	岡山県 (全 27 市町村)			山口県 (全 19 市町村)		
	市町村名	税額 (千円)	全国順位	市町村名	税額 (千円)	全国順位
1 位	岡山市	11,499,577		周南市	3,822,399	74 位
2 位	倉敷市	5,345,092	42 位	下関市	3,198,144	
3 位	津山市	1,098,921		山口市	2,611,396	
4 位	玉野市	870,019		宇部市	1,980,828	
5 位	瀬戸内市	801,856		防府市	1,790,657	
6 位	備前市	661,273		岩国市	1,427,110	213 位
7 位	笠岡市	590,363		下松市	989,655	
8 位	真庭市	540,513		山陽小野田市	957,287	
9 位	総社市	491,809		光市	559,116	
10 位	赤磐市	440,446		長門市	369,394	

表 I − 4　市町村税法人分 (2/2)

| | 大分県 (全 28 市町村) | | |
	市町村名	税額 (千円)	全国順位
1 位	大分市	6,282,606	33 位
2 位	中津市	1,011,683	
3 位	別府市	806,137	
4 位	宇佐市	701,047	
5 位	日田市	606,168	
6 位	佐伯市	472,923	
7 位	国東市	256,799	
8 位	日出町	254,158	
9 位	臼杵市	199,290	
10 位	由布市	190,353	

出所：平成 29 年度 市町村別決算状況調 (https://www.soumu.go.jp/iken/zaisei/h29_shichouson.html) より筆者作成

は法人住民税も人口も上位から水戸市、つくば市、ひたちなか市、日立市の順番に並んでいる。千葉市、川崎市、四日市市、倉敷市、大分市などは県内の人口の順位と法人住民税額の順位が同一である。しかし、神栖市は人口が県内 9 位に対して法人住民税は同 5 位であり、同様に市原市は人口が同 6 位に対して法人住民税は同 3 位、周南市は人口同 12 位に対して法人住民税は同 1 位であることから、コンビナートの存在は法人住民税額を増加させており、この点で地方自治体に財政上のメリットをもたらしていると言えるだろう。

（4）時系列で見た各コンビナート地区の出荷額等の動向

　本節では、時系列に見た場合に日本のコンビナートの勢いはどのような状況にあるのか考察したい。しばしば各自治体においてコンビナートに立地する企業の生産拠点縮小や撤退が問題として認識されているものの [13)]、コンビナート地域の製造活動が縮小傾向にあるのか、安定した状態にあるのか具体的な

データに基づく議論は十分になされていない。そこで、本節では直近 12 年間（2006～2017 年）の日本のコンビナート地区における製造品出荷額と付加価値額の推移と地域別の特徴を明らかにしていく [14]。

　各コンビナート地区のデータの作成に際しては、コンビナートが複数の市町にまたがる形で立地している場合、複数の市町の数値を合算して地区の出荷額や付加価値額を求めた。地域経済における変化を捉えるという観点から、各地域の範囲は広めに設定している。なお、本節では各コンビナート地区の範囲を以下のように設定した。鹿島地区（鹿嶋市、神栖市）、京葉地区（千葉市中央区、木更津市、市原市、君津市、富津市）、京浜地区（川崎市川崎区、横浜市鶴見区・神奈川区）、四日市地区（四日市市）、大阪地区（堺市堺区・西区、高石市）、水島地区（倉敷市）、岩国大竹地区（広島県大竹市、山口県岩国市、玖珂郡和木町）、周南地区（周

---

13) 例えば、「コンビナート助成を、千葉県経済協議会、県に要望書」『日本経済新聞』2013 年 8 月 21 日、第 39 面（地方経済面千葉）によれば、こうした問題への対処策として、京葉臨海コンビナートの立地企業などで構成する千葉県経済協議会が県知事に対して、老朽化した設備の更新にかかる費用に対する助成や固定資産税の減免、工場間で排熱や電力を融通しやすくするため、規制緩和や特区の新設などを要望した。

14) 今回の分析では、平成の大合併による一連の市町村合併が落ち着いた 2006 年を起点としている。2006 年を起点とする妥当性について若干の見解を述べれば、石油化学産業に関しては、エチレン生産のピークは 2007 年の 773 万トンであり 2006 年を起点とすればピーク後の変遷を把握することができ、近年のエチレン設備の運転停止は 2014 年以降に集中していることからこうした生産縮小の影響も捉えることができると考えた（2014 年に三菱化学鹿島第 1 エチレン設備、2015 年に住友化学、2016 年に旭化成の敷地に立地するエチレン設備がそれぞれ運転を停止した）。また石油産業に関しても 2009 年にエネルギー供給構造高度化法が成立し、2010 年に同法に基づく第 1 次告示がなされたことから 2006 年を起点とすれば業界構造の大きな変化の影響を捉えることができるものと考えている。

南市、下松市、光市）、大分地区（大分市）。データの作成に際しては、経済産業省が実施している「工業統計調査」および「経済センサス - 活動調査」を用いた（従業者 4 人以上の統計データを使用）。

　各コンビナート地区における製造品等出荷額と付加価値額の推移は**表Ⅰ－5、表Ⅰ－6、図Ⅰ－3、図Ⅰ－4**に示され、それらを考察に適するように要約したものが**表Ⅰ－7**である。よ

表Ⅰ－5　日本のコンビナート地域の製造品出荷額の推移

単位：億円

	2006 年	2007 年	2008 年	2009 年	2010 年	2011 年
鹿島地区	26,093	30,011	25,052	19,267	20,429	20,081
京葉地区	71,124	85,896	89,932	68,926	72,192	67,468
京浜地区	44,053	47,953	45,047	37,016	42,500	44,860
四日市地区	24,837	26,852	27,044	22,307	24,681	26,146
大阪地区	30,299	30,683	32,238	25,823	36,227	39,569
水島地区	47,417	43,846	48,309	33,222	43,403	43,951
岩国大竹地区	11,763	7,782	7,486	6,640	10,875	12,268
周南地区	24,293	25,071	25,745	21,211	23,923	22,267
大分地区	24,661	26,327	28,230	17,280	26,622	28,481
合計	304,540	324,423	329,084	251,690	300,853	305,090

	2012 年	2013 年	2014 年	2015 年	2016 年	2017 年
鹿島地区	20,173	22,645	23,198	23,235	19,080	20,950
京葉地区	72,863	85,317	84,309	69,569	58,514	64,394
京浜地区	42,423	44,681	44,709	42,285	35,166	39,528
四日市地区	26,849	30,880	31,799	33,559	25,735	30,584
大阪地区	39,225	40,333	42,436	39,059	35,078	37,504
水島地区	41,440	43,040	46,593	40,186	33,854	36,839
岩国大竹地区	11,147	11,902	12,510	10,644	10,662	11,362
周南地区	20,189	24,306	19,939	19,500	18,126	20,566
大分地区	27,234	29,037	31,165	28,101	22,433	25,735
合計	301,544	332,140	336,658	306,140	258,648	287,461

出所：経済産業省「工業統計調査」各年版、「経済センサス - 活動調査（平成 28 年）」より筆者作成

表Ⅰ－6　日本のコンビナート地域の付加価値額の推移

単位：億円

	2006年	2007年	2008年	2009年	2010年	2011年
鹿島地区	8,442	8,202	7,380	4,239	6,096	4,578
京葉地区	15,412	18,839	15,644	12,156	16,523	15,126
京浜地区	13,829	13,412	15,051	11,350	13,404	12,178
四日市地区	6,531	6,566	4,403	6,306	7,116	5,560
大阪地区	6,502	7,231	9,179	7,622	8,753	6,543
水島地区	12,156	12,207	9,123	9,164	6,607	7,152
岩国大竹地区	3,404	3,413	3,091	3,413	3,360	3,709
周南地区	7,654	6,412	6,382	6,880	7,639	5,996
大分地区	7,013	6,946	7,656	5,244	6,670	6,089
合計	80,944	83,229	77,908	66,374	76,168	66,931

	2012年	2013年	2014年	2015年	2016年	2017年
鹿島地区	4,669	5,568	5,977	7,109	5,827	5,994
京葉地区	10,338	15,168	10,929	10,791	12,377	14,419
京浜地区	10,107	10,139	9,784	11,585	9,714	10,472
四日市地区	7,365	9,887	10,340	9,695	8,760	11,923
大阪地区	7,152	7,163	8,254	6,722	7,856	8,921
水島地区	5,255	7,634	5,369	6,785	6,285	5,892
岩国大竹地区	2,909	2,661	2,791	2,727	3,188	3,654
周南地区	5,683	6,947	7,291	5,561	7,092	8,121
大分地区	5,636	5,407	5,797	6,066	5,166	5,893
合計	59,112	70,574	66,531	67,041	66,264	75,290

出所：経済産業省「工業統計調査」各年版、「経済センサス・活動調査（平成28年）」より筆者作成

り詳細に説明すれば**表Ⅰ－5**と**表Ⅰ－6**は、コンビナート地区ごとに製造品等出荷額と付加価値額の推移を示したものであり、時系列の変化を容易に読み取れるようにそれらを積み上げ

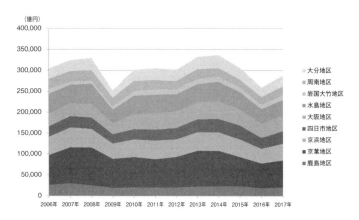

出所：経済産業省「工業統計調査」各年版、「経済センサス - 活動調査（平成 28 年）」より筆者作成

図Ⅰ-3　日本のコンビナート地域の製造品出荷額の推移

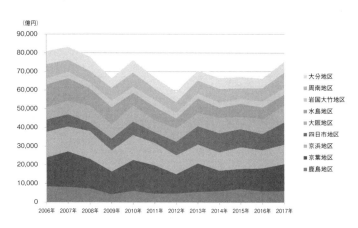

出所：経済産業省「工業統計調査」各年版、「経済センサス - 活動調査（平成 28 年）」より筆者作成

図Ⅰ-4　日本のコンビナート地域の付加価値額の推移

表 I − 7　コンビナート各地域における

地区名		2017 年	2006 年	最大値	
				値	年
鹿島地区	製造品出荷額	20,950	26,093	30,011	2007 年
	付加価値額	5,994	8,442	8,442	2006 年
京葉地区	製造品出荷額	64,394	71,124	89,932	2008 年
	付加価値額	14,419	15,412	18,839	2007 年
京浜地区	製造品出荷額	39,528	44,053	47,953	2007 年
	付加価値額	10,472	13,829	15,051	2008 年
四日市地区	製造品出荷額	30,584	24,837	33,559	2015 年
	付加価値額	11,923	6,531	11,923	2017 年
大阪地区	製造品出荷額	37,504	30,299	42,436	2014 年
	付加価値額	8,921	6,502	9,179	2008 年
水島地区	製造品出荷額	36,839	47,417	48,309	2008 年
	付加価値額	5,892	12,156	12,207	2007 年
岩国大竹地区	製造品出荷額	11,362	11,763	12,510	2014 年
	付加価値額	3,654	3,404	3,709	2011 年
周南地区	製造品出荷額	20,566	24,293	25,745	2008 年
	付加価値額	8,121	7,654	8,121	2017 年
大分地区	製造品出荷額	25,735	24,661	31,165	2014 年
	付加価値額	5,893	7,013	7,656	2008 年
合計	製造品出荷額	287,461	304,540	336,658	2014 年
	付加価値額	75,290	80,944	83,229	2007 年

出所：経済産業省「工業統計調査」各年版、「経済センサス‐活動調査（平成 28 年）」より
　　　筆者作成
（注）金額の単位は億円

グラフとしたものが図 I − 3 と図 I − 4 である。また、表 I
− 7 は各コンビナート地区および日本全体に関し、「現在（2017
年）」の製造品出荷額と付加価値額と「分析開始の起点である

製造品出荷額および付加価値額の比較

単位：億円

	最小値		2017年と各年との増減率		
	値	年	2006年比	最大年比	最小年比
	19,080	2016年	−20%	−30%	10%
	4,239	2009年	−29%	−29%	41%
	58,514	2016年	−9%	−28%	10%
	10,338	2012年	−6%	−23%	39%
	35,166	2016年	−10%	−18%	12%
	9,714	2016年	−24%	−30%	8%
	22,307	2009年	23%	−9%	37%
	4,403	2008年	83%	0%	171%
	25,823	2009年	24%	−12%	45%
	6,502	2006年	37%	−3%	37%
	33,222	2009年	−22%	−24%	11%
	5,255	2012年	−52%	−52%	12%
	6,640	2009年	−3%	−9%	71%
	2,661	2013年	7%	−1%	37%
	18,126	2016年	−15%	−20%	13%
	5,561	2015年	6%	0%	46%
	17,280	2009年	4%	−17%	49%
	5,166	2016年	−16%	−23%	14%
	251,690	2009年	−6%	−15%	14%
	59,112	2012年	−7%	−10%	27%

2006年」・「出荷額や付加価値額が最高・最低となった時点（年）」との比較をしたものである。出荷額と付加価値額の最大値・最小値に関しては、それらを記録した年も記載している。

　表Ⅰ－7に示されるように、総体で見た日本のコンビナート地区（各地区の合算値）は2006〜2017年の間、比較的安定している。2006年は出荷額が30兆4,540億円、付加価値額が8兆944億円であったのに対して、2017年は出荷額が6％減の28兆7,461億円、付加価値額が7％減の7兆5,290億円となっている。2017年の出荷額は最高を記録した2014年より15％少なく、最低であった2009年より14％多い。同様に付加価値額は最高の2007年より10％少なく、最低の2012年よりも27％多い。したがって、2017年は2006〜2017年のほぼ中位となっており、この期間、日本のコンビナートは弱体化してはおらず、健闘していると評価できるだろう。

　一方で、コンビナート地区別に出荷額と付加価値額の変遷を概観すると、コンビナートによって異なる様相を呈していることがわかる。図Ⅰ－5は各コンビナート地区別に製造品等出荷額と付加価値額をグラフ化したものである。大別すれば、エチレン製造設備の停止を経験した鹿島地区、京葉地区、水島地区において減少傾向が見られたのに対して、四日市地区や大阪地区では増加傾向が見受けられる。また、岩国大竹地区、周南地区、大分地区は以前の水準を維持している。

（5）地域差の要因分析

　本節では上述のような地域間の差異が石油化学コンビナートに関連する業種に起因しているのか明らかにするため、業種別の出荷額と付加価値額を見ることで変化の要因を考察していく。事例として出荷額と付加価値額が大幅に減少した地区（鹿島地区、水島地区）と逆にこれらが増大した地区（四日市地区、大

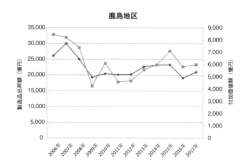

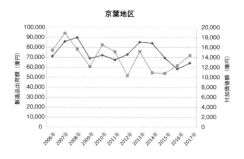

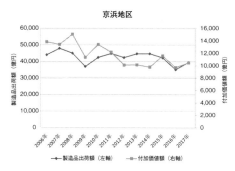

図 I −5　各地域別の製造品等出荷額、付加価値額の推移
（2006〜2017 年）（1/3）

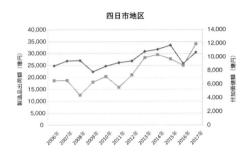

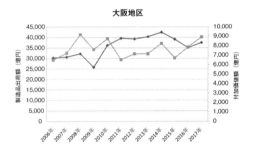

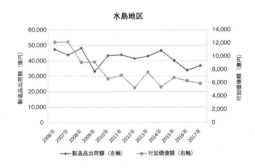

図Ⅰ-5　各地域別の製造品等出荷額、付加価値額の推移
（2006〜2017 年）（2/3）

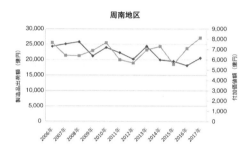

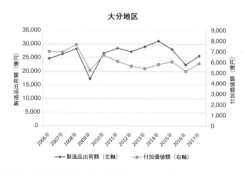

出所：経済産業省「工業統計調査」各年版、「経済センサス‐活動調査（平成 28 年）」より筆者作成

図 I − 5 各地域別の製造品等出荷額、付加価値額の推移
（2006 〜 2017 年）（3/3）

阪地区）について、2006 年と 2017 年を比較し、大きな変化を経験した業種を特定する。ただし、工業統計調査では特定業種に属する企業が地区内に少数しか存在しない場合、個々の申告者の秘密が漏れることを防ぐために業種別のデータが秘匿されているため、必ずしも完全にすべての業種のデータを把握することができないことを事前に断わっておく [15]。

　鹿島地区（鹿嶋市、神栖市）のデータからは化学工業やプラスチック製造業は堅調であり、出荷額と付加価値額の低迷は鉄鋼業に起因する可能性が高いことがわかった（残念ながら石油製造業に関してはデータが秘匿されており分析ができない。同業種が低迷の一因になっていることは必ずしも否定できない）。化学工業の出荷額は 2006 年に 9,303 億円であったものが 2017 年には 9,859 億円と増大し、付加価値額は 3,420 億円から 3,136 億円へと若干減少した。プラスチック製品製造業は 2006 年に出荷額 223 億円、付加価値額 118 億円であったものが 2017 年には同 261 億円、同 153 億円と増加している。一方で鉄鋼業は 2007 年に出荷額 7,197 億円、付加価値額 2,812 億円であったのに対して、2017 年は同 5,591 億円、同 1,092 億円と大幅に減少している。

　水島地区では、重化学工業に加えて自動車産業（企業）の影響を大きく受け、出荷額と付加価値額が減少した可能性がある。石油製品・石炭製品製造業と化学工業はともに出荷額が大幅に

15）重要なところでは、鹿嶋市の化学工業と石油製品・石炭製品製造業、神栖市の石油製品・石炭製品製造業、堺市堺区および高石市の石油製品・石炭製品製造業が秘匿の対象となっている。

減少する一方で付加価値額は増大した。石油製品製造業は
2006 年の出荷額が 1 兆 6,077 億円であったのが 2017 年には
1 兆 1,902 億円と減少し、同時期に付加価値生産額は 244 億
円から 271 億円に増加した。化学工業も同様に出荷額が 8,751
億円から 6,833 億円に減じる一方で付加価値額は 1,382 億円か
ら 1,498 億円へと増加している。出荷額の減少は現在の ENEOS
水島製油所において原油処理能力の削減が進んだこと（2006〜
2017 年の間に 455,200 バレル／日から 320,200 バレル／日に縮小
した）、それぞれにエチレン製造設備を有していた旭化成と三菱
ケミカルが 2016 年 4 月に生産設備を三菱側の設備に集約化し、
旭化成側の設備を廃棄したことに起因しているだろう。鉄鋼業
に関しては、出荷額が 9,139 億円から 8,723 億円に減少し、付
加価値額は 4,096 億円から 1,327 億円と大きく減少した。もっ
とも大きな変化が見られたのが輸送用機械器具製造業であり、
2006 年には 8,343 億円あった出荷額が 2017 年には 3,780 億
円と半減し、付加価値額も 4,324 億円から 1,006 億円へ急減
した。背景としては、水島に工場を持つ三菱自動車が 2016 年
に燃費不正問題を引き起こし、2015 年には 63 万 5,441 台 [16]
であった国内生産台数が 2017 年は 57 万 9,642 台 [17] へと落
ち込んだことが大きいだろう。

　四日市地区では出荷額、付加価値額とも大幅に増大しており、

16）「車 8 社の国内生産、900 万台割れ、内需低迷、輸出で補えず、昨年、各社、海外生産
　　を拡大」『日経産業新聞』2016 年 1 月 28 日付、14 面。
17）「車 8 社、国内生産プラス、昨年、3 年ぶり、軽・輸出けん引」『日経産業新聞』2018 年 1
　　月 31 日付、2 面。

その理由としては石油、化学、鉄鋼等の重化学工業が堅調であ
ることも指摘されうるが、なによりも電子部品・デバイス・電
子回路製造業の伸長に帰するところが大きい。石油製品・石炭
製品製造業は出荷額が 5,565 億円（2006 年）から 4,274 億円
（2017 年）に減じたものの、付加価値額は − 445 億円であった
ものが 484 億円となった。化学工業は出荷額については 8,068
億円から 8,091 億円と微増したものの、付加価値額は 2,657
億円から 1,863 億円に減じた。プラスチック製品製造業とゴ
ム製品製造業は共に出荷額と付加価値額を増大させた。前者は
出荷額が 158 億円から 395 億円に付加価値額は 64 億円から
72 億円に、後者は出荷額が 121 億円から 137 億円に付加価
値額が 34 億円から 41 億円に増えた。もっとも大きく変化し
たのが電子産業である。調査の費目に変更があったため直接的
な比較はできないものの、電子部品・デバイス製造業は 2006
年の出荷額が 3,956 億円、付加価値額が 2,147 億円であった
のに対し、2017 年の電子部品・デバイス・電子回路製造業の
数値を見ると出荷額が 1 兆 1,267 億円、付加価値額が 7,343
億円と急増している [18]。

　大阪地区（堺市堺区・西区、高石市）に関しては、石油製造業
や化学工業、鉄鋼業に関しては若干の数値の上下が見られるも
安定しており、金属関係の製造業で出荷額と付加価値額の増加、
そして四日市地区と同様に電子部品・デバイス製造業の大きな

---

18) 費目調整の影響を検討するために輸送用を除いた機械類と電子部品等を合算した数値の変化
　　をみると、出荷額は 8,579 億円から 1 兆 4,530 億円、付加価値額も 3,289 億円から 8,324
　　億円に増大している。やはり、機械、電機、電子の領域で数値が大きく伸びている。

表Ⅰ－8　大阪地区における業種別出荷額、付加価値額の比較

(単位：万円)

2006年		
産業中分類	製造品出荷額等	粗付加価値額
化学工業	53,026,924	17,880,859
プラスチック製品製造業 （別掲を除く）	2,222,918	990,300
石油製品・石炭製品製造業	90,178,310	4,574,310
鉄鋼業	38,345,845	9,795,811
非鉄金属製造業	11,667,851	2,930,740
金属製品製造業	13,804,064	6,030,205
電子部品・デバイス製造業	12,268	9,797

2017年		
産業中分類	製造品出荷額等	粗付加価値額
化学工業	47,641,041	13,540,307
プラスチック製品製造業 （別掲を除く）	1,461,398	662,581
石油製品・石炭製品製造業	98,653,430	15,769,286
鉄鋼業	40,472,913	8,448,021
非鉄金属製造業	30,836,239	2,374,253
金属製品製造業	18,083,013	11,122,540
電子部品・デバイス・電子回路製造業	20,621,434	6,396,598

出所：経済産業省「工業統計調査」各年版より筆者作成
(注)プラスチック製造業と非鉄金属製造業は高石市、石油製品・石炭製造業は堺市堺区と高石市、電子部品・デバイス製造業は堺市西区の数値が秘匿されているためこれらを除いてある

伸びが見られた（**表Ⅰ－8**参照）。電子部品・デバイス製造業は2006年の出荷額が1.2億円、付加価値額が0.9億円とほとんど存在しなかったのに対し、2017年の電子部品・デバイス・電子回路製造業の数値を見ると出荷額が2,062億円、付加価

値額が640億円と急増している。金属関係も増大著しく、非鉄金属製造業と金属製品製造業を合算すると2006年には出荷額が2,547億円から2017年には4,892億円、付加価値額が896億円から1,350億円に増大している。なお、石油、化学、プラスチックの合算値は、出荷額が1兆4,543億円から1兆4,776億円、付加価値額が2,345億円から2,998億円への微増であった。

　これらの地域間比較からは以下のような結論が導かれる。第一に、出荷額と付加価値額が減少傾向にある地域は、化学工業以外の要因が大きい。例えば、鹿島地区では鉄鋼業、水島地区では輸送用機械器具製造業の落ち込みの影響を大きく受けている。第二に、水島地区に見られるように製油所やエチレンセンターの製造能力の削減は地域の出荷額を大きく減じさせる。しかしながら、水島地域においては石油産業、化学工業の付加価値額は増大していることから、産業の高付加価値化には成功していると評価することもできるかもしれない。第三に、出荷額と付加価値額が増加傾向にある地域は、四日市地区や大阪地区に見られるように電子部品など石油・化学以外の業種の伸びが著しい。第四に、四日市地区や大阪地区においては石油産業や化学工業も堅調である。まとめれば、2006〜2017年にかけてのコンビナート地域においては、石油や化学といった重化学産業はいずれの地域でも堅調であり、それ以外の業種の影響が大きかったと想定される。

（1）なぜ「地方創生」が問われるのか

「地方創生」はよく耳にする言葉であるが、今、なぜ「地方創生」が問われているのか。それは、このまま推移すると「消滅する地方」が出てくるというのが大きな理由の一つである。2015年新書大賞を受賞した、増田寛也 編『地方消滅 東京一極集中が招く人口急減』（中公新書、2014 年）において国の将来ビジョンを描く場合、最初に把握しなければならないのは人口動態であると述べる。産業政策、国土政策、社会保障費など、あらゆる政策は将来人口の行く末によって大きく左右されるからであり、「人口減少」が避けられないことを前提として、希望ある未来への方策を立てていくことが課題であるとしている[19]。

人口減少のスピードを抑えること、豊かな生活が営める社会への道筋をつけることは、これからの我々の選択にかかっているというわけである。「地方消滅」は、人口の「自然減」だけならば、通常緩やかなスピードで進行していくものであるが、若年層の人口流出による「社会減」が加わることで人口減少が加速度的に進行していく可能性がある[20]。

---

19) 増田寛也 編『地方消滅 東京一極集中が招く人口急減』中央公論新社（2014 年）、1－2 頁。
20) 同上、31 頁。

　このような危機感がある中「地方創生」を図るために2014年9月「まち・ひと・しごと創生本部」が内閣官房に設置された。同年11月に地方創生関連二法案が成立した。このときの内閣府特命担当大臣（地方創生）は石破茂であった。そして、政府の総合戦略と連動して各自治体が長期ビジョンと総合戦略を策定することが努力義務とされた。内閣に中央司令塔として「総合戦略本部」が作られ、国としての長期ビジョンや「創生総合戦略」が策定された。各地域には地方司令塔として「地域戦略協議会」を設置し、地域の人口減少への対策を盛り込んだ「地域版創生総合戦略」の策定が要請された。人口減少という現実に即して「地方創生」のための戦略を立ててもらい、選択と集中の考え方を踏襲しながら最も有効な対象に投資と施策を集中することを地方に求めることが国の方針であった[21]。戦略策定ための費用を負担する政府の誘導によって将来プランの作成を各自治体が実行した。そして、数値目標を設定した戦略計画を作成したらその計画に国から将来予算がつくかもしれないという期待を各自治体に抱かせたのである。「まち・ひと・しごと創生総合戦略会議」はこのような国からの働きかけによってほとんどの自治体で設置されることになり、創生総合戦略が策定されることになった。これは地方版アベノミクスとも呼ばれた。しかしながら、持続可能性を持った経済・社会構造を構築していくために将来プランを作成することは、政府からの要請があるからではなく地方が自主的に行っていかなければならないことは

21）増田寛也、冨山和彦『地方消滅　創生戦略篇』中央公論新社（2015年）、ⅰ‐ⅱ頁。

明白である。

　日本全体の人口が増加していた時期とは異なり、すべての市区町村が人口を増やす計画を立てることはもはや不可能となっている。むしろほとんどの市区町村が人口を減らすと考えた方が妥当である。そのような中で、医療・介護、交通、教育といった生活に必要なサービスをこれからもどう維持していくのか、道路、橋梁、公民館といったインフラをどう補修していくのか、地域の産業や雇用をどう維持し、発展させていくのかなどの多くの課題に各自治体は取り組む必要がある。人口が増えて地域が栄えていくというビジョンは政治も行政も打ち出しやすいが、人が減り、地域が縮小していく現状を住民に示しながら将来への戦略を策定することはなかなか容易ではない[22]。それでは、このような現状の中で地域の持続的な発展を図り、「地方創生」を達成するために各自治体は何をすればよいのであろうか。本書の対象であるコンビナートが立地する自治体はこれらの状況を考慮に入れながらどのような考え方でどのような施策を採っていけば良いのであろうか。この場合、コンビナートを有する特殊性を考慮に入れながら未来への方策を考えることは、コンビナート立地自治体が政策を考える上での前提となる。そこで課題解決への方法と手段を考える上でヒントとなるものとして「まち・ひと・しごと創生総合戦略」における各自治体の施策を取り上げる。「まち・ひと・しごと創生総合戦略」におけるコンビナートに関連する各自治体の具体的政策は、「地

22) 増田寛也編、前掲書、4頁。

方創生」への課題解決手段として参考にすることができるのみ
ならず、各自治体における施策を比較することで理解を深め、
新たな施策を立案するヒントとなるだろう。

（2）コンビナート立地自治体における
「まち・ひと・しごと創生総合戦略」

「地方創生」への解決策を模索するために「まち・ひと・し
ごと創生総合戦略」におけるコンビナート関連の重要業績評価指
標（KPI）をここでは特に取り上げる。様々な施策の中でも
KPI に注目するのは、数値目標が設定されていることが大き
な理由である。数値目標がある施策は実現までの過程と成果を
現実的な裏付けを持って計画している証拠として考えることが
できる。また、議会や市民から責任を追及される可能性もある
ため行政は明確な数字を出すことを避ける傾向にあるが、敢え
て設定した数値目標には自治体が覚悟を決めて掲げたという価
値があると考えた。ここでは、エチレンセンターを有するコン
ビナートが立地する自治体（府・県・市）の KPI を比較対象と
して取り上げる。これらの KPI を指標とすることでコンビナー
トが立地する自治体の地方創生に対する認識や意図や期待を比
較しながら理解を深めることができるだろう。

　しかし、地方創生を目的に作られた「まち・ひと・しごと創
生総合戦略」の重要業績評価指標（KPI）を元に自治体の政策を
比較することにはいくつかの問題点もある。KPI については、
これを重視する自治体もあれば、国からの要請によって補助金
がつくために作成しただけではないかと疑われるような消極的
な自治体もある。各自治体によってコミットメントの程度に差

があるのは残念ながら事実である。作成しただけでその後の検証が行われず、今ではそれをあまり顧みない自治体もあれば、毎年数値目標の達成度と内容を検証して改訂版を作成する熱心な自治体も存在する。また、大部分の自治体は「総合計画」[23]に基づいて「まち・ひと・しごと創生総合戦略」を立案したため、従来からの「総合計画」を重視して「創生総合戦略」を下位に扱って軽視する自治体も比較的多い。検証する上でこのような課題や問題点を含むものであるが、それにもかかわらず、ここで「まち・ひと・しごと創生総合戦略」のKPIを取り上げるのは、「創生総合戦略」に対する重要性の違いが各自治体に存在しても国からの策定方法や形式に対するガイダンスや指導もあったために同じ様式に基づいて作成されていることが大きな理由である。このため、比較が容易に行える利点がある。形式としては上位の概念から「基本目標」、「基本的方向」、「数値目標」、「重点的施策」、「具体的施策」、「項目」、「現状値（2014 年度）と目標値（2019 年度）の設定」と概ね順番に並べて作成される（名称や年度設定などに例外もある）。ここでは、各自治体の KPI を取り上げる時にこれらの形式的な順番で「創生総合戦略」の内容を列挙している。更に、「創生総合戦略」の文章中に記述はないが、数値目標の現実性を検証する補助のために「目標増加率」

---

23) 各自治体の総合計画は「基本構想」、「基本計画」、「実施計画」からなり、10 年間の方針である「基本構想」の下に 5 年間の行政計画である「基本計画」と 3 年間の具体的施策である「実施計画」を立案する。1969 年の地方自治法改正により、総合計画の「基本構想」の策定が地方自治体に義務付けられた。2011 年地方自治法が改正されて策定義務はなくなったが、実際にはその後も総合計画を策定する地方自治体は多い。

を筆者が付け加えた。上位の計画に位置する各自治体の「総合計画」の比較だと形式が異なり、設定年度や期間にばらつきがあり、各自治体の諸前提に差違がある。このため形式が揃っている「創生総合戦略」のようには簡単に施策を比較できない。これらの問題点や利点を考慮に入れながら KPI を採用した。そして、KPI を比較することでコンビナートを抱える自治体が持つ地方創生へのコンビナートに対する理解度や期待や現実性を吟味できると考えた。一方で、KPI の比較における課題は数値目標の年限が 2019 年度に設定されており、本来であれば数値目標の結果をここで検証すべきである。本稿執筆時に自治体からの検証結果が公表されておらず、KPI 達成度の評価ができなかった。また、評価が実際になされるのかも不確定であり、結果の検証や公表についても各自治体で対応が異なる。これらの理由から KPI 達成度で成否を判断するのではなく「地方創生」を目指す上でのコンビナートに対する要求や期待における自治体間の差違を比較し、有効な施策を検証できる点をここでは重視する。

（3）各自治体におけるコンビナート関連重要業績評価指標（KPI）

【茨城県】

基本目標：「新しい豊かさ」へのチャレンジ

基本的方向：つくば・東海の最先端科学技術や、我が国を代表するものづくり産業の集積を活かし、世界を視野に入れた未来産業や新たな時代を見据えた新産業を創出し、魅力ある雇用の場を確保する。

数値目標：雇用創出数

現状値 (2015〜2016年累計)	目標値 (2015〜2019年累計)	目標増加率
5,163人	1万3,000人	−

基本目標：「新しい豊かさ」へのチャレンジ

重点的施策：質の高い雇用の創出

具体的施策：工業団地等への早期企業立地の推進（鹿島臨海工業地帯競争力強化推進事業）

項目：鹿島臨海工業地帯の立地工場数

現状値 (2014年度)	目標値 (2019年度)	目標増加率
179工場	190工場	6%

出所：茨城県『茨城県まち・ひと・しごと創生総合戦略』2018年3月改訂 (2015年10月策定) より作成。

概説：茨城県は雇用創出数の増加を上位の目標として定めており、その具体的な対応の一つとして鹿島臨海工業地帯の立地工場数の増加を図り、それを重要な指標と考えている。鹿島臨海工業地帯における新規工場数の増加によって雇用が拡大するという筋道を茨城県は重視している。雇用創出数の数値については鹿島臨海工業地帯への期待を含めて茨城県全体で毎年2,600名増加の目標を設定している。

【茨城県鹿嶋市】

基本目標：本市における安定した雇用を創出し、就業を支援する

基本的方向：鹿島臨海工業地帯を中心としたものづくり産業の競争力を強化し、雇用の確保を図る。

数値目標：雇用創出数

現状値（年度）	目標値（2019年度までの延べ数）	目標増加率
－	200人	－

基本的方向：産業の振興と競争力強化

重点的施策：鹿島臨海工業地帯の競争力強化

具体的施策：鹿島臨海工業地帯競争力強化プランの実施

項目：製造品出荷額等（鹿嶋市＋神栖市）

現状値（2014年度）	目標値（2019年度）	目標増加率
2兆3,406億円	3兆円	28%

出所：鹿嶋市『鹿嶋市まち・ひと・しごと創生総合戦略』2016年3月より作成。

概説：鹿嶋市は茨城県と政策において連携しながら鹿島臨海工業地帯の競争力を強化して製造品出荷額と雇用創出数を増加させることを目標としている。この二つの目標を達成するために様々な施策を鹿嶋市は実行する。数値目標の数字と増加率は製造品出荷額、雇用ともに比較的高く、鹿島臨海工業地帯への期待が大きいことが理解できる。

【茨城県神栖市】

基本目標：神栖市における安定した雇用をつくる

基本的方向：鹿島港北公共埠頭の整備や東関東自動車道の鹿島港延伸など立地環境の整備を図るとともに、立地企業への競争力強化支援や企業誘致の更なる推進を図り、鹿島臨海工業地帯全体の競争力を強化します。

数値目標：工業団地内事業所数

現状値（2014年度）	目標値（2019年度）	目標増加率
200事業所	211事業所	5.5%

重点的施策：鹿島臨海工業地帯における競争力強化

具体的施策：立地企業の競争力強化のための支援（鹿島臨海工業地帯競争力強化プラン）

項目：固定資産税の課税免除制度に基づく新増設

現状値（2014 年度）	目標値（2019 年度）	目標増加率
件数 88 社	件数 99 社	12.5%
雇用人数 1 万 307 人	雇用人数 1 万 559 人	2.4%

重点的施策：立地環境の整備

具体的施策：北公共埠頭の整備や国際物流への対応など鹿島港の整備に加え、東関東自動車道の鹿島港延伸について、国へ要望するなど、企業の競争力強化につながる立地環境の整備を推進する。コンテナ貨物荷主等への助成を通じ、鹿島港の一層の利活用を図る。

項目：鹿島港北公共埠頭の取扱貨物量

現状値（2014 年度）	目標値（2019 年度）	目標増加率
33 万トン	40 万トン	21%

出所：神栖市『神栖市まち・ひと・しごと創生総合戦略』2015 年 12 月より作成。

概説：神栖市は茨城県と政策において連携しながら、立地企業に対する競争力強化の支援（課税免除など）や企業誘致を積極的に行い、工業団地内の事業所数の増加や雇用者の増加を目標としている。また、企業の競争力強化につながるインフラ整備のための鹿島港の環境整備に重点を置いている。そして、この施策による取扱貨物量の増加を見込んでいる。神栖市は、港湾・物流政策をコンビナート競争力強化の柱としている。

【千葉県】

基本目標：“一人ひとりの働きたい”がかなう千葉づくり

数値目標：県内製造品出荷額

現状値 (2013 年)	目標値 (2019 年)	目標増加率
13 兆 33 億円	増加を目指す	―

基本的方向：京葉臨海コンビナートの競争力強化

重点的施策：京葉臨海コンビナートの生産性向上や事業環境の改善、コンビナートを支える人材の能力向上や担い手の育成

項目：京葉臨海地域における従業者数

現状値 (2014 年度)	目標値 (2019 年度)	目標増加率
5 万 5,393 人	増加を目指す	―

出所：千葉県『千葉県地方創生「総合戦略」』2016 年 2 月より作成。

概説：千葉県は上位の数値目標として県内製造品出荷額の増加を上げ（但し数値を示さず）、京葉臨海コンビナートについては競争力強化への様々な支援を実施して、その結果として京葉臨海地域における従業者の増加（但し数値を示さず）を見込んでいる。コンビナートへの期待は経済的側面と雇用の増加が中心である。

【千葉県袖ケ浦市】

基本目標：活き活きと働くことができるまち 袖ケ浦

数値目標：製品出荷額（工業統計調査）

現状値 (2013 年度)	目標値 (2019 年度)	目標増加率
1 兆 4,215 億円	1 兆 4,440 億円	1.6%

数値目標：市内民営事業所従業者数（経済センサス）

現状値（2014 年度）	目標値（2019 年度）	目標増加率
2 万 3,787 人	増加を目指す	―

数値目標：市内に「働く場」が十分確保されていると思う市民の割合

現状値（2015 年度）	目標値（2019 年度）	目標増加率
22.4％	30.0％	―

基本的方向：雇用、税収面などで、市の産業の根幹を支える臨海コンビナートのほか、袖ケ浦椎の森工業団地を含む市内に立地する多くの企業が事業活動しやすい環境を整備し、本市に立地する価値を高めていく。

重点的施策：基盤産業である工業の持続的な振興

項目：企業振興条例指定件数（累計）

現状値（2014 年度）	目標値（2019 年度）	目標増加率
18 件	38 件	111％

出所：袖ケ浦市『袖ケ浦市まち・ひと・しごと創生総合戦略』2016 年 2 月より作成。

概説：コンビナートを有する袖ケ浦市は、数値目標として製品出荷額、従業員数、アンケートによって働く場が確保されていると感じる市民の割合を重要な指標と考えている。立地企業への継続的な環境整備を実施して振興策の指定件数の増加を目標としている。コンビナート企業（椎の森工業団地を含む）を雇用・税収面を支える基盤と捉えており、持続的に企業が立地し続けることを希望している。企業や工場の移転による空洞化を回避したい意図が感じられる。

【千葉県市原市】

基本目標：新たな価値を創出する先進的な産業の振興

重点的施策：臨海部コンビナートの競争力強化

具体的施策：国・県・臨海部企業と連携した京葉臨海コンビナート競争力強化

項目：競争力の強化に取り組んだ臨海部企業の割合

現状値（2016 年度）	目標値（2019 年度）	目標増加率
100%	100%	－

項目：臨海部に立地する事業所（従業員 4 人以上）の合計従業者数

現状値（2014 年度）	目標値（2019 年度）	目標増加率
1 万 6,547 人	1 万 6,736 人	1.1%

具体的施策：京葉臨海部コンビナート婚活事業（若者の結婚支援事業を含む）

項目：婚活パーティのカップル成立数（累計）

現状値（2015 年度）	目標値（2019 年度）	目標増加率
139 組	234 組	68%

出所：市原市『市原市まち・ひと・しごと創生総合戦略』2016 年 11 月改訂（2016 年 3 月策定）より作成。

概説：市原市は、コンビナート企業の参加を 100％に維持した上で国・千葉県・立地企業と連携して競争力強化策に取り組み、雇用の増加を目指している。一方で市原市の特筆すべき施策は、コンビナートで働く若者に対して結婚支援事業を実施している点である。千葉県内若者全体の結婚支援事業の一環ではあるが、KPI にわざわざ盛り込んでいる点はユニークで他の自治体とは異なる視点を持っている。これは、異性との出会いの場が少ないという問題を抱えるコンビナートに

　勤務する若者に焦点を当てて「地方創生」のもう一つの重要な目標である人口増加や出生率の増加を意図したものである。

【神奈川県】

基本目標：県内にしごとをつくり、安心して働けるようにする

基本的方向：産業創出・育成

重点的施策：産業集積の促進

項目：県外・国外から立地した事業所数（累計）

現状値（2014 年度）	目標値（2019 年度）	目標増加率
－	125 件	－

出所：神奈川県『神奈川県まち・ひと・しごと創生総合戦略』2019 年 3 月改訂（2016 年 3 月策定）より作成。

概説：神奈川県は、政令指定都市である川崎市とは政策面で一定の距離を保ちながら、県全体としての産業集積の促進のために県外・国外からの事業所数の増加を目標としている。これは、コンビナート企業のみを対象にした施策ではない。一方で神奈川県は「地方創生」と国連が提唱する SDGs（持続可能な開発目標）とを結びつけて「創生総合戦略」の中で目標としている。成長産業の創出・育成のために SDGs を念頭に施策を推進するという観点を神奈川県は持っている。

【神奈川県川崎市】

基本目標：本市の強みである産業・経済・利便性の高いまちづくり等の活性化による「成長」

基本的方向：「世界に輝き、技術と英知で、未来をひらくまち」をめざす

重点的施策：臨海部の戦略的な産業集積と基盤整備

具体的施策：臨海部活性化推進事業、国際戦略拠点活性化推進
事業、戦略拠点形成推進事業、臨海部へのアクセス向上推進
事業、サポートエリア整備推進事業、臨海部交通ネットワー
ク形成推進事業、羽田連絡道路整備事業

項目：川崎区の従業者1人当たりの製造品出荷額

現状値 (2013 年)	目標値 (2021 年)	目標増加率
1 億 4,500 万円	1 億 7,000 万円以上	17.2%以上

項目：キングスカイフロント域内外の企業等マッチング件数

現状値 (2014 年度)	目標値 (2021 年度)	目標増加率
9 件	35 件以上	289%以上

重点的施策：広域連携による港湾物流拠点の形成

具体的施策：東扇島物流促進事業、ポートセールス事業、臨港
道路東扇島水江町線整備事業、東扇島堀込部土地造成事業、
コンテナターミナル維持・整備事業

項目：川崎港取扱貨物量（公共埠頭）

現状値 (2014 年度)	目標値 (2021 年度)	目標増加率
1,134 万トン	1,210 万トン以上	6.7%以上

項目：川崎港へ入港する大型外航船（3 千総トン数以上）の割合

現状値 (2014 年)	目標値 (2021 年)	目標増加率
70%	76%以上	―

重点的施策：スマートシティの推進

具体的施策：スマートシティ推進事業、水素戦略推進事業

項目：スマートシティに関連するリーディングプロジェクト実
施累計件数

現状値 (2014 年度)	目標値 (2021 年度)	目標増加率
7 件	28 件以上	300％以上

重点的施策：地球環境の保全に向けた取り組みの推進

具体的施策：地球温暖化対策事業

項目：パリ協定や国の地球温暖化対策計画を踏まえた、温室効果ガス排出量の更なる削減に向けた取り組みの推進

現状値 (2013 年度)	目標値 (2019 年度)	目標減少率
1990 年度比▲ 13.8%	1990 年度比▲ 20.3%以上	－

出所：川崎市『川崎市まち・ひと・しごと創生総合戦略』2018 年 3 月改訂 (2016 年 3 月策定) より作成。

概説：川崎市は、「地方創生」を実現するために臨海部工業地帯に対して高い関心と期待を持っている。そして、積極的な姿勢を持って臨海部工業地帯への政策を多く立案している。一般的な港湾物流拠点の整備促進や競争力強化のための基盤整備から始まり、未来の方向性を決定するスマートシティや地球温暖化対策にまで施策の幅を広げている。これらはコンビナートを基盤として川崎市の産業発展を図ろうという意思の表れである。そして、それぞれに具体的な KPI を設定している。パリ協定や国の地球温暖化対策計画を踏まえた、温室効果ガス排出量の削減を「創生総合戦略」に数値目標を設定して明記している点は特筆すべきものである。

【三重県】

基本目標：「学びたい」「働きたい」「暮らし（続け）たい」という希望がかない、みんなが集う活気あふれる三重

基本的方向：社会減対策

数値目標：県外への転出超過数の改善

現状値（2013、2014 年平均）	目標値（2019 年度）	目標減少率
3,000 人	1,600 人	47%

基本的方向：しごとの創出

項目：企業立地件数（累計）

現状値（2014 年度）	目標値（2019 年度）	目標増加率
－	240 件	－

重点的施策：四日市コンビナートにおける自然災害時の事業継続取組強化

項目：ＢＣＰ等に基づく強靭化対策関連事業

現状値（2014 年度）	目標値（2019 年度）	目標増加率
なし	なし	－

出所：三重県『三重県まち・ひと・しごと創生総合戦略』2018 年 3 月改訂（2015 年 10 月策定）より作成。

概説：三重県は「創生総合戦略」においてコンビナートに対する直接的な対策の記述は少なく、数値目標として県外転出者の減少や KPI として新たな企業立地件数の増加を間接的に上げている。「創生総合戦略」の中では経済面や雇用面でのコンビナートに対する期待が言及されていない。しかしながら、自然災害に対するコンビナートにおける防災対策への認識が強く、四日市コンビナートについての強靭化対策を取り上げている（数値目標はない）。

【三重県四日市市】

基本目標：産業都市として日本のものづくりをリードし、さらなる発展を築く

重点的施策：ものづくり産業の集積高度化

具体的施策：①ものづくり産業の操業環境整備・研究開発機能の集積、②優位性をもった新規事業の推進

項目：企業立地奨励金指定事業の投下固定資産総額

現状値（2014年度）	目標値（2015〜2019年度累計）	目標増加率
90億9,800万円	530億円	—

項目：企業立地奨励金重点分野の指定件数

現状値（2014年度）	目標値（2015〜2019年度累計）	目標増加率
—	25件	—

出所：四日市市『四日市市まち・ひと・しごと創生総合戦略』2016年3月より作成。

概説：四日市市については、「創生総合戦略」の中でコンビナートを重視する記述内容は見られず、全体的な政策として製造業の操業環境の整備や新規企業の推進を掲げて、企業立地のための奨励金を用意している。この支援策によって年間投資額約100億円、重点分野の指定件数年間5件を見込んでいる。しかしながら、コンビナートの競争力強化に向けた積極的な四日市市独自の動きもあり、四つの基本目標（国際競争力の強化、新規技術の活用による安心・安全の確保、有能な技能者を育成する教育、地球環境負荷の軽減）を達成するために「四日市コンビナート先進化検討会」による取り組みを2018年より発足させて、企業の枠組みを超えた事業連携を模索している[24]。

24）四日市コンビナート先進化検討会ホームページ、https://www.yokkaichikonbinato-sen-shinka.jp/　参照

【大阪府】

基本目標：都市としての経済機能を強化する

基本的方向：地域経済機能強化の一環として、特区における企業集積の促進を図るため、プロモーション活動を実施することにより、「国家戦略特区」及び「関西イノベーション国際戦略総合特区」のメリットや大阪の投資魅力を府内外へ周知する。

重点的施策：企業立地の促進

具体的施策：国家戦略特区等推進事業

項目：関係機関と連携するセミナー等を含めた集客

現状値 (2017 年度)	目標値 (2018 年度)	目標増加率
－	計 200 名以上	－

項目：企業接触

現状値 (2017 年度)	目標値 (2018 年度)	目標増加率
－	200 社以上	－

項目：海外企業向けのプロモーション

現状値 (2017 年度)	目標値 (2018 年度)	目標増加率
－	20 回以上	－

出所：大阪府『大阪府まち・ひと・しごと創生総合戦略』2018 年 9 月改訂（2016 年 3 月策定）より作成。

概説：大阪府は、大阪府全体の経済や雇用の観点から考えるとコンビナートに対する関心が低くなるのは仕方がないのかもしれない。産業振興関連の中で堺泉北コンビナートを特別に扱うことはなく、国家戦略特区など他の支援事業の延長で対応できる対象として捉えている。政策としては企業立地の促進を重視している。上げられている KPI は、セミナーの集客、企業との接触、プロモーションの回数といった比較的実現が

容易な数値目標が設定されている。大阪府においてコンビナート関連項目における「創生総合戦略」の重要度はあまり高くない。

【大阪府堺市】

基本目標：〜「しごと」の創生分野〜 産業振興や雇用創出によりまちづくりを牽引します

数値目標：堺市内の従業者数（国、地方公共団体の従業者数を除く）

現状値（2014年）	目標値（2019年）	目標増加率
31万7,936人	35万人	10%

重点的施策：成長産業（環境エネルギー・健康医療・農業）と新分野への挑戦

具体的施策：企業投資促進事業

項目：堺市ものづくり投資促進条例認定投資額

現状値（2005〜2014年度）	単年度目標	目標増加率
累計投資額 約9,650億円	100億円／年	―

出所：堺市『堺市まち・ひと・しごと創生総合戦略』2016年2月より作成。

概説：堺泉北コンビナートを有する堺市は、従業員数の増加を上位の数値目標として掲げている。そして、雇用の増加を達成するために投資促進条例を制定して、この条例に基づく投資額の増加（年間100億円）をKPIに設定している。「創生総合戦略」の中では、どちらかと言えば中小企業の振興策が多く、堺市の発展のためにコンビナートを積極的に活用するという記述はあまり存在しない。

【大阪府高石市】

基本目標：働きやすい環境を整える

基本的方向：高石市には、臨海部に大手企業を含む多くの企業
　が集積しています。市内企業従業員数は減少傾向にあります
　が、事業所向けアンケートでは、雇用の意向も見受けられます。

数値目標：市内就業者数（国勢調査）

現状値（2010 年度）	目標値（2019 年度）	目標増加率
2 万 5,233 人	2 万 5,500 人	1%

数値目標：市内企業従業者数（経済センサス活動調査）

現状値（2014 年度）	目標値（2019 年度）	目標増加率
1 万 9,273 人	1 万 9,500 人	1%

基本目標：働きやすい環境を整える

重点的施策：企業立地等促進条例の充実

項目：企業立地等促進制度申請件数

現状値	目標値（2017～2019 年度累積）	目標増加率
－	20 件	－

項目：企業立地等促進制度活用企業の新規雇用のうちの市民雇
　用数

現状値	目標値（2017～2019 年度累積）	目標増加率
－	10 人	－

出所：高石市『高石市まち・ひと・しごと創生総合戦略』2018 年 3 月改訂（2016 年 3 月策定）
　　より作成。

概説：高石市は、数値目標に就業者数、あるいは従業者数の増
　加を掲げて、上位の目標としている。そして、条例に基づく
　企業立地のための申請件数の増加や市民雇用者の増加を
　KPI に設定している。堺泉北コンビナートが経済面・雇用

面に与えるインパクトの大きいことを高石市は認識しており、「創生総合戦略」の中でコンビナートの発展が強く意識されている。

【岡山県】

基本目標：人を呼び込む魅力ある郷土岡山をつくる

基本的方向：人を呼び込む魅力ある郷土岡山づくりの推進（社会減対策）

重点的施策：産業振興と雇用創出

項目：従業者 100 人以上の製造業事業所数

現状値（2015 年度）	目標値（2019 年度）	目標増加率
275 事業所	290 事業所	5.5%

項目：新規立地企業の雇用創出数

現状値（2015 年度）	目標値（2015〜2019 年度累計）	目標増加率
—	2,000 人	—

出所：岡山県『おかやま創生総合戦略』2018 年 6 月改訂（2015 年 10 月策定）より作成。

概説：岡山県は「創生総合戦略」の中でコンビナートを特別に取り上げることはない。むしろ、岡山県全体としての産業振興の中にコンビナートを位置付けている。しかしながら、コンビナート参加企業を含む大規模企業が雇用に与える影響を重視しており、産業振興と雇用創出を目的として、従業員 100 人以上の製造業事業所数の増加、新規立地企業の雇用創出数の増加を目標としている [25]。

【岡山県倉敷市】

基本目標：ひとを惹きつけるまち倉敷

基本的方向：政府関係機関及び企業の誘致促進

重点的施策：東京一極集中の是正

具体的施策：企業誘致推進事業、地域再生法に基づく固定資産
税の不均一課税事業

項目：市内に本社機能等を移転する企業数

現状値 (2014 年度)	目標値 (2015～2019 年度累計)	目標増加率
0 社	3 社	－

項目：代替本社機能を強化する企業数

現状値 (2014 年度)	目標値 (2015～2019 年度累計)	目標増加率
0 社	5 社	－

項目：2015 年度以降の新規立地企業数

現状値 (2014 年度)	目標値 (2015～2019 年度累計)	目標増加率
0 社	20 社	－

項目：2015 年度以降の企業誘致による新規設備投資額

現状値 (2014 年度)	目標値 (2015～2019 年度累計)	目標増加率
0 円	300 億円	－

項目：2015 年度以降の企業誘致による新規雇用者数

現状値 (2014 年度)	目標値 (2015～2019 年度累計)	目標増加率
0 人	230 人	－

25) 2017 年度から 2020 年までの 4 カ年を期間とする総合計画「新晴の国おかやま生き活きプラン」の中で「地域を支える産業振興」を重点戦略の一つと位置付け、アジア有数の競争力を持つコンビナートの実現による地域の持続的成長と雇用の確保を目標にして様々な規制緩和や投資促進策を岡山県は推進してきた。

項目：設備投資促進奨励金を活用し、一定規模以上の設備投資
を実施した企業数

現状値（2014年度）	目標値（2015〜2019年度累計）	目標増加率
16社	96社	—

基本目標：働く場を創るまち倉敷

重点的施策：地域産業の競争力強化、魅力ある雇用の場の創出、
地元就職の促進、女性・高齢者・障がいのある方の就業機会
の拡大、地域活性化のためのICT活用

数値目標：市民税納税義務者（所得割課税者）数（給与・営業等・
農業所得者の人数）

現状値（2014年度）	目標値（2019年度）	目標増加率
17万2,775人	17万6,230人	2%

出所：倉敷市『倉敷みらい創生戦略』2015年9月より作成。

概説：水島コンビナートを有する倉敷市は、岡山県と政策にお
いて連携しながら多くの施策を立案しており、「創生総合戦
略」の中で東京一極集中の是正をはっきり明記している点は
特筆すべきものである。そして、東京一極集中を是正するた
めに企業誘致を積極的に行うことを重点項目としている。本
社機能の移転や新規立地、企業誘致による新規雇用者の増加、
設備投資奨励金を利用して設備投資を行う企業数の増加を目
標としている。また、地域産業の競争力強化を実施するなら
ば、その結果人口の増加が予想されるため、市民税納税義務
者の増加を見込んでいる。

【山口県】

基本目標：産業振興による雇用の創出

重点的施策：産業の国際競争力強化に向けた産業基盤の整備促進

項目：石炭の年間輸入量（年間）

現状値（2014年度）	目標値（2019年度）	目標増加率
1,174万トン	1,670万トン	42%

項目：主要渋滞箇所数

現状値（2013年度）	目標値（2019年度）	目標減少率
83カ所	73カ所	12%

項目：国道・県道の整備完了延長

現状値（2014年度）	目標値（2015～2019年度累計）	目標増加率
－	75km以上	－

項目：島田川分水事業の進捗率（周南コンビナート用工業用水の確保）

現状値（2014年度）	目標値（2019年度）	目標増加率
4%	100%	－

項目：工業出荷額（年間）

現状値（2013年度）	目標値（2019年度）	目標増加率
6.8兆円	7兆円以上	3%以上

重点的施策：強みを活かした水素利活用による産業振興と地域づくり

項目：水素ステーションの設置数（累計）

現状値（2014年度）	目標値（2019年度）	目標増加率
0カ所	2カ所	－

項目：水素利活用による事業化件数（累計）

現状値 (2014 年度)	目標値 (2019 年度)	目標増加率
0 件	12 件	―

項目：水素分野への県内中小・中堅企業参画数

現状値 (2016 年度)	目標値 (2019 年度)	目標増加率
16 社	27 社	69%

項目：水素分野におけるコネクターハブ・サプライヤー企業の売上額

現状値 (2016 年度)	目標値 (2019 年度)	目標増加率
―	3 億 5,900 万円	

出所：山口県『山口県まち・ひと・しごと創生総合戦略』2018 年 10 月改訂 (2015 年 10 月策定) より作成。

概説：山口県は、工業県の強みを活かして製造業の産業振興に特化した政策を立案している。工業出荷額のみならず、道路交通網の整備や渇水に備えるための工業用水を確保するなどの項目に KPI を設定している。また、石炭は山口県のエネルギーの根幹を支えており、石炭の輸入量の増加を KPI に上げていることは珍しい。一方、周南コンビナートにおける電解事業から副生する水素を産業振興の重要な手段と捉えており、関連する事業の促進を KPI として掲げている。

【山口県周南市】

基本目標：雇用を確保し、安定して働くことができるまち

数値目標：市内就業者数（雇用保険の被保険者数）

現状値 (2014 年度)	目標値 (2019 年度)	目標増加率
4 万 4,900 人	4 万 5,000 人	0.2%

基本目標：雇用を確保し、安定して働くことができるまち

重点的施策：港湾基盤強化の促進

具体的施策：①国際バルク戦略港湾推進事業、②T10号埋立事業、③国際物流ターミナル整備事業、④N7号埋立事業

項目：徳山下松港航路整備

現状値 (2014年度)	目標値 (2019年度)	目標増加率
2航路整備中	2航路完成	―

項目：石炭の年間輸入量

現状値 (2014年度)	目標値 (2019年度)	目標増加率
475万トン	800万トン	68%

重点的施策：企業立地の促進

具体的施策：①企業立地促進事業、②本社機能移転等促進支援事業

項目：事業所等設置奨励金の指定件数

現状値 (2014年度)	目標値 (2019年度)	目標増加率
2件	45件	―　(2150%)

項目：本社機能等の移転・拡充件数

現状値 (2014年度)	目標値 (2019年度)	目標増加率
―件	5件	

重点的施策：新事業・新産業の創出

具体的施策：①水素利活用推進事業、②地域連携・低炭素水素技術実証事業、③新事業・新産業創出支援事業

項目：大型研究プロジェクトの誘致件数

現状値 (2014年度)	目標値 (2019年度)	目標増加率
0件	3件	―

項目：事業所等設置奨励金の重点立地促進事業の指定件数

現状値 (2014 年度)	目標値 (2019 年度)	目標増加率
0 件	10 件	－

基本目標：地域資源を活用し、快適に暮らすことができるまち

数値目標：周南市に住み続けたいと思う人の割合

現状値 (2013 年度)	目標値 (2019 年度)	目標増加率
55.6%	57.6%	－

数値目標：転入者数

現状値 (2014 年度)	目標値 (2019 年度)	目標増加率
4,074 人	4,400 人	8%

基本目標：地域資源を活用し、快適に暮らすことができるまち

重点的施策：電解コンビナートの資源を生かしたまちづくりの推進

具体的施策：①地域エネルギー導入促進事業、②水素利活用推進事業、③地域連携・低炭素水素技術実証事業

項目：コンビナート電力を供給する施設数

現状値 (2014 年度)	目標値 (2019 年度)	目標増加率
－施設	3 施設	－

項目：燃料電池自動車・水素自動車の登録台数

現状値 (2014 年度)	目標値 (2019 年度)	目標増加率
－台	70 台	－

項目：水素関連産業への参入事業者数

現状値 (2014 年度)	目標値 (2019 年度)	目標増加率
－社	15 社	－

出所：周南市『周南市まち・ひと・しごと創生総合戦略』2019 年 3 月改訂（2016 年 1 月策定）より作成。

概説：周南コンビナートを有する周南市は山口県と政策面で連

携しながら市内就業者数の増加を上位の数値目標としており、産業振興に結びつく港湾の基盤整備や石炭の輸入量の増加を KPI に設定している。また、周南コンビナートを中心とした企業立地の推進と水素利活用による新事業の創出を目標としている。電解コンビナートの強みを活かして県と連携して水素事業の推進を目標に掲げていることが特筆すべき周南市の特徴である。一方、周南市は人口減に対する悩みを抱えており、転入者の増加を目標としている。他の自治体には見られない施策としては、周南コンビナートで石炭火力による発電を大規模に行っているため、コンビナートで生まれる電力を一般に供給する施設を 3 カ所設置するという目標をKPI に上げている。しかし、この事業はまだ実施されていない。

【大分県】

基本目標：基盤を整え、発展を支える

基本的方向：広域交通網の整備など地域間競争の基盤整備を進めるとともに、防災など地域の安全性・強靱性を高めます。

重点的施策：防災など地域の安全性・強靭性の向上

具体的施策：大規模災害等への即応力の強化、県民の命と暮らしを守る社会資本整備と老朽化対策の推進

項目：石油コンビナート防災体制の整備

現状値（2014 年度）	目標値（2019 年度）	目標増加率
なし	なし	－

項目：地震・津波対策の推進（大分臨海部コンビナート護岸の強化

など護岸・堤防の嵩上げや補強対策の推進）

現状値（2014 年度）	目標値（2019 年度）	目標増加率
なし	なし	―

出所：大分県『大分県総合戦略』2019 年 3 月改訂（2015 年 10 月策定）より作成。

概説：大分県は、「創生総合戦略」においてコンビナートに対する記述があまり多くない。経済面や雇用面から「地方創生」のためにコンビナートを利用するという内容は見当たらない。大分県におけるコンビナートに対する施策は、経済や雇用の観点からではなく、大規模災害に対する防災の側面から取り上げられている。しかしながら、これとは別にコンビナートの競争力強化のための大分県独自の施策が行われており、大分県及び大分市は立地企業 10 社と大分コンビナート企業協議会を 2012 年に設立し、石油・石化連携、その他の業種との連携を模索してきた。2020 年度はユーティリティ、人材育成、物流、規制緩和の分科会に加えて「スマート保安・IoT 推進プロジェクトチーム」を設置し、産業保安のスマート化の推進を検討している[26]。

【大分県大分市】

基本目標：しごとににぎわいをつくる

重点的施策：工業の振興

具体的施策：高度技術に立脚した産業集積の推進

---

26) 大分県商工観光労働部資料「大分コンビナートに係る大分県の取組について」、2020 年 2 月参照。

数値目標：誘致企業件数

現状値（2014年度）	目標値（2015～2019年度累計）	目標増加率
6件	30件	400%

出所：大分市『まち・ひと・しごと創生大分市総合戦略』2016年3月より作成。

概説：大分コンビナートを有する大分市においても、大分県と同様に「創生総合戦略」の中でコンビナートに対する記述はあまり存在しない。大分市の施策は、コンビナートに特に関連したものではなく、工業全体の振興のための企業誘致件数の増加を目標として上げている。しかし、大分市は大分コンビナート企業協議会を通じてコンビナートの国際競争力構築に向けて大分県と連携しながら政策を実行している。

（4）地域資源としてのコンビナート

　コンビナートが立地する各自治体における「まち・ひと・しごと創生総合戦略」を比較分析することでいくつかの共通点と相違点を見いだすことができた。最初に、共通点についてKPIに設定された内容で多いものから順に並べると、「企業立地数・工場数の増加」は11項目、「雇用創出」は10項目、「自治体の支援を受けた企業からの投資の奨励」は8項目、「港湾や物流基盤の整備による競争力の強化」は6項目、「製造品出荷額の増加」は5項目、「防災対策」と「人口の増加」はともに3項目であった（重複も含む）。これらの項目は概ねコンビナートに期待される一般的な内容と捉えることができる。一方、相違点としてユニークな視点や施策も見いだすことができた。千葉県市原市における「コンビナートに勤務する若者に向けての婚活パーティにおけるカップル成立数の増加」や、神奈川県川崎

市における「温室効果ガス排出量の削減目標」、岡山県倉敷市における「東京一極集中の是正に基づく諸施策」、山口県周南市における「コンビナートから生産される副生水素による産業振興」などである。これらは、一般的な製造品出荷額の増加や雇用の拡大だけではなく、「地方創生」のためにもっと広い視野を持ってコンビナートの利活用を考えることができることを証明する施策である。KPI を比較することでわかったことは、コンビナートに対して求めているものに対して自治体間に差違があることである。各自治体ともコンビナートに対する「地方創生」への関心や期待は大きいものであるが、その中でも川崎市と倉敷市は、数と内容において先導的な施策がよく練られている印象を受けた。

　コンビナートは各自治体にとって重要な「地域資源」である。コンビナートは、第二次世界大戦後の特別な環境の中で形成された世界にも類を見ない日本独自の歴史的産物である。もし国際競争力を失って企業や工場が一度撤退してしまえば、企業に再投資する余力が残されていないため同じ形態のコンビナートが地域に再び作られることはないであろう。「コンビナートでまちおこし」は共著者である橘川武郎が提唱してきたスローガンであるが、地域発展への潜在力を有するコンビナートを利活用することで各自治体は「地方創生」を目指すことができる。この目的を達成するために、コンビナートが立地する各自治体はこれからも智恵を絞って効果的な政策を立案していかなければならない。広い視野、異なる観点、新しいアイデアを常に意識しながら「地方創生」のための具体的政策を各自治体は今後

も作り出していくことが求められる。

第 II 部

ケーススタディ

第3章
鹿　島

（1）鹿島コンビナートの歴史と概要

　表Ⅱ－1は、鹿島コンビナートの歴史をまとめたものである。1960年代にはいってから具体的な形で開発が始まった鹿島臨海工業地帯は、日本で最も新しいコンビナートである。中核的

表Ⅱ－1　鹿島コンビナートの歴史

年	事　項
1960	茨城県、「鹿島灘沿岸地域総合開発の構想（試案）」を策定
1961	茨城県、「鹿島臨海工業地帯造成計画」（マスタープラン）を策定
1963	鹿島港起工式
1964	鹿島地区、工業整備特別地域に指定
1969	住友金属（現在の日本製鉄）鹿島製鉄所操業開始
	鹿島港開港
1970	鹿島石油（現在は ENEOS の子会社）鹿島製油所操業開始
	日本国有鉄道（現在の東日本旅客鉄道）鹿島線運転開始
1971	三菱油化鹿島工場（現在の三菱ケミカル茨城事業所）操業開始
1973	鹿島臨海工業団地造成事業完了
2003	鹿島経済特区認定
2011	鹿島港、国際バルク戦略港湾（穀物）に選定
2015	鹿島臨海工業地帯競争力強化検討会議発足
2016	鹿島臨海工業地帯競争力強化推進会議発足

出所：常陽産業研究所「鹿島臨海工業地帯の現状と展望」『JOYO ARC［調査］』2014年6月号、鹿島臨海工業地帯競争力強化検討会議『地域とともに発展し、日本を支えるコンビナートの進化形 KASHIMA の構築　鹿島臨海工業地帯競争力強化プラン』、2016年3月。

な三つの事業所である、住友金属（現在の日本製鉄）鹿島製鉄所、鹿島石油（ENEOS の子会社）鹿島製油所、三菱油化鹿島工場（現在の三菱ケミカル茨城事業所）が操業を開始したのは、高度成長末期の 1969〜1971 年のことであった。

2017 年に発行された鹿島臨海工業地帯の PR パンフレット[1]によれば、鹿島コンビナートは、

　①世界の素材産業をリードするトップ企業の集積

　②多様な産業集積（鉄鋼・石油化学・食品・飼料）

　③計画先行型コンビナート（合理的なレイアウト）

　④企業間連携や共同化の取り組み（共同発電や共同施設）

　⑤国内屈指の電源立地地域・充実したインフラ

　⑥首都圏への近接性・広域交通ネットワーク

などの特長をもつ。これらのうち、説明を擁するのは、②の「食品・飼料」についてであろう。

鹿島臨海工業地帯の PR パンフレットは、この点について、次のように説明している。

「神之池西部地区は、石油化学コンビナートや飼料コンビナートが形成されています。特に、穀物・飼料関連企業 17 社から成る飼料コンビナートは全国最大規模で、鹿島臨海工業地帯の大きな特徴です。

コンビナートでの配合飼料の年間生産量は約 420 万トンに上り、港湾別では全国第 1 位となっています。また、平成 23

1）鹿島臨海工業地帯『KASHIMA　地域とともに発展し、日本を支えるコンビナートの進化形』、2017 年 4 月。

年（2011 年）5 月には、鹿島港が、バルク貨物の輸送拠点とし
て国が重点的に整備する『国際バルク港湾（穀物）』に選定され、
今後ますます発展していく予定です[2]」。

　なお、鹿島コンビナートは、飼料・食品・木材・化学等の神
之池西部地区、石油精製・石油化学等の神之池東部地区、鉄鋼
等の高松地区の、3 地区から構成されている。

　2014 年の鹿島地区（鹿嶋市・神栖市）の製造品出荷額等（2 兆
3,198 億円）は、茨城県全体のそれ（11 兆 4,085 億円）の 20％を
占めた[3]。

（2）鹿島臨海工業地帯の造成と茨城県

　鹿島臨海工業地帯の PR パンフレットは、鹿島コンビナート
の③の特徴として、「計画先行型コンビナート（合理的なレイア
ウト）」という点を挙げている。これは、鹿島臨海工業地帯が、
広大な地域を対象にした開発計画のもとに形成された事実を反
映したものである。

　この点について、常陽産業研究所の調査報告は、以下のよう
に述べている。

　「鹿島臨海工業地帯は、未開発地域であった旧鹿島町、神栖村、
波崎町（現在の鹿嶋市、神栖市）の全域 20,186ha（6,060 坪）が計
画区域となった。

　『世界最大規模の Y 字型人口掘込式港湾の建設』、『港湾周辺
部における臨海工業地帯・住宅団地の造成』、『道路・工業用水

2）同前 7 頁。
3）同前 5 頁参照。

道・上下水道・通信施設・鉄道・学校・公園緑地等の整備』を
軸に、人口30万人の近代的臨海工業都市を目指す国家プロジェ
クトであった。

　この臨海部の産業立地と基礎インフラの一体的な開発は、日
本の成功ビジネスモデル（ジャパン・モデル）とされている[4]」。

　「ジャパン・モデル」と呼ばれる壮大な鹿島臨海工業地帯形
成プロジェクトを先導したのは、茨城県であった。そもそも、
同プロジェクトは、1959年に当時の岩上二郎茨城県知事が「鹿
島開発構想試案」をまとめたことからスタートした。これを受
けて茨城県は、1960年に「鹿島灘沿岸地域総合開発の構想（試
案）」、1961年に「鹿島臨海工業地帯造成計画」（マスタープラン）
を、相次いで策定した。そして、1963年には鹿島港の起工式
が行われ、1964年には鹿島地区が工業整備特別地域[5]に指定
されたのである（表Ⅱ－1参照）。

（3）鹿島経済特区

　鹿島臨海工業地帯の形成にリーダーシップを発揮した茨城県
は、21世紀にはいると、コンビナート統合にも力を注ぐよう
になった。茨城県、鹿嶋市[6]、神栖市[7]とコンビナート企業は、

4）常陽産業研究所「鹿島臨海工業地帯の現状と展望」『JOYO ARC［調査］』2014年6月号、
　14－15頁。
5）同前14頁には、「工業整備特別地域：工業整備特別地域整備促進法（1964年）で『工業の
　立地条件が優れ、比較的開発されて投資効果も高い地域』と定められた地域。鹿島地区を含
　め全国6地区が指定を受け、地方税の特別措置、地方債の利子補給、補助率の嵩上げ等
　の措置が講じられた。2001年に廃止」、と注記されている。
6）鹿嶋市は、1995年に鹿島町から鹿嶋町と改称したうえで市制施行した。
7）神栖市は、2005年に神栖町と波崎町との合併により誕生した。

力を合わせて、2003 年に鹿島臨海工業地帯高度化推進委員会、2004 年に鹿島臨海工業地帯産業クラスター検討委員会、2006 年に鹿島経済特区計画推進戦略会議を、次々と設置した。

これらの会議体は、2003 年 4 月に鹿島経済特区が認定された[8]ことと深くかかわり合っていた。この構造改革特別区域計画の作成主体は茨城県であったが、具体的な計画策定に携わったのは鹿島臨海工業地帯高度化推進委員会であった。また、鹿島臨海工業地帯産業クラスター検討委員会と鹿島経済特区計画推進戦略会議は、鹿島経済特区の事業推進機関として設置された。

鹿島経済特区の計画書は、次のように記している。

「官民が一体となり、『日本の素材産業が生き残っていくための規制緩和のモデルとして、世界最高水準のコスト競争力を有する NO.1 コンビナートを創出する』という日本初の独創的な取り組みを行うもので、当該計画を実施する意義は、日本の素材産業再生という我が国産業の根幹にかかわる極めて重要なものと考える[9]」。

そして、計画の柱としては、

(1) 各種保安規制の国際基準（＝スタンダード）転換

(2) 保安規制の合理化・整合化

(3) 各種土地利用規制の緩和

---

8) 鹿島経済特区は、他の 56 件とともに、構造改革特別区域計画として第 1 弾認定された。

9) 内閣府構造改革特区担当室「第 1 弾認定された構造改革特別区域計画について」、2003 年 4 月 25 日。www.kantei.go.jp/jp/singi/tiiki/kouzou2/sankou/030425/030425keika-ku.html。

　(4) インフラコストの逓減・税制の弾力化

という 4 点を挙げている ¹⁰⁾。

　その後、鹿島経済特区は、2016 年 3 月までに、3 回の変更追加認定を受けた。そして、それまでのあいだに、以下の 6 項目が規制緩和の特例措置を受け、そのうち 5 項目が全国展開された。

・酸化エチレン製造に係る酸素濃度引き上げ（2003 年認定、2004 年全国展開）

・高圧ガスを停止して行う開放検査の周期の延長（2003 年認定、2005 年全国展開）

・地域電力会社（東京電力㈱）の送電線を介さない電力の供給（2003 年認定、2005 年全国展開）

・コンビナート施設の連続運転（2003 年認定、2005 年全国展開）

・梱包木材（木くず）の製鉄への有効利用（2003 年認定）

・高圧ガス製造施設の自主検査の継続（2005 年認定、2007 年全国展開）¹¹⁾

鹿島経済特区は、大きな成果をあげたのである。

　鹿島コンビナートでは、企業間の連携が活発に展開された。日本では、2000 年に石油コンビナート高度統合運営技術研究組合（Research Association of Refinery Integration for Group-Operation、略称 RING）が発足したことを契機として、コンビ

10) 同前参照。

11) 以上の点については、鹿島臨海工業地帯競争力強化検討会議『地域とともに発展し、日本を支えるコンビナートの進化形 KASHIMA の構築　鹿島臨海工業地帯競争力強化プラン』、2016 年 3 月、56 頁参照。

ナート統合が進展するようになり、「コンビナート・ルネサンス」の到来と言われた。RING 事業は、2000〜2002 年度の第 1 期事業（いわゆる「RING Ⅰ」）、2003〜2005 年度の第 2 期事業（「RING Ⅱ」）、2006〜2008 年度の第 3 期事業（「RING Ⅲ」）の 3 期にわたって遂行されたが、鹿島コンビナートは、いずれの期においてもその舞台となった。RING Ⅰでは、鹿島石油と三菱化学が、副生成物の相互有効活用を深めることを目的とした「副生成物高度利用統合運営技術の開発」に取り組んだ。RING Ⅱでは、石油精製で副生するオフガスから石化原料であるオレフィン留分を効率的に回収して、石油化学で高付加価値原料として利用する「分解オフガス高度回収統合精製技術開発」が実施された。さらに RING Ⅲでは、コンビナート内の多様なナフサを原料として脱硫し、石油精製における芳香族、ガソリン基材生産、および石油化学におけるエチレン、プロピレン生産の原料となるナフサ分を効率的に連続蒸留により最適分離・供給する「石油・石化原料統合効率生産技術開発」が行われたのである[12]。

（4）鹿島臨海工業地帯競争力強化検討・推進会議

　茨城県は、2015 年 7 月、鹿嶋市・神栖市の協力を得て、鹿島臨海工業地帯競争力強化検討会議を設置した。同検討会議は、コンビナート企業 12 社[13] の代表と 4 人の有識者[14] から成る 16 人の委員によって構成され、2016 年 3 月に『地域とともに

12）鹿島コンビナートにおける RING 事業の取り組みについて詳しくは、稲葉和也・橘川武郎・平野創『コンビナート統合　日本の石油・石化産業の再生』化学工業日報社、2013 年、126 – 130 頁参照。

発展し、日本を支えるコンビナートの進化形 KASHIMA の構築　鹿島臨海工業地帯競争力強化プラン』と題する報告書をまとめた。

この競争力強化プランについては、別の機会に詳しく検討した[15]ので、ここでは、2017 年発行の鹿島臨海工業地帯の PR パンフレットにより、その概要のみを紹介する[16]。

鹿島臨海工業地帯競争力強化プラン

〇鹿島臨海工業地帯の将来像

地域とともに発展し、日本を支えるコンビナートの進化形
KASHIMA の構築

基礎素材産業を中心とした多様な産業集積拠点、エネルギー・食糧・基礎素材等の供給拠点として、国際競争力を高めると同時に、地域とともに発展し、わが国を支える強い KASHIMA の構築

〇プランの目標

◆「パワーアップ」（国際競争力）

国際競争力を高め、企業のグローカル展開[17]の起点と

13）新日鐵住金、鹿島石油、三菱化学、信越化学工業、JSR、旭硝子、関東グレーンターミナル、昭和産業、中国木材、丸全昭和運輸、東京電力、東京ガスの 12 社（社名は、鹿島臨海工業地帯競争力強化検討会議の発足時点のもの）。

14）有識者のなかには、本書の共著者である橘川武郎（座長）と平野創も含まれる。

15）稲葉和也・平野創・橘川武郎『コンビナート新時代　IoT・水素・地域間連携』化学工業日報社（2018 年）、244 – 251 頁参照。

16）鹿島臨海工業地帯前掲書 71 頁参照。

17）グローカル展開は、英語で表記すると glocalization。世界展開を意味する globalization と地域密着を意味する localization とを結合させた造語。

なる工業地帯

◆「バリューアップ」（付加価値）

地域や首都圏、北関東の需要を支える、多様で重層的な産業集積・イノベーション拠点

◆「レジリエンスアップ」（強靱性）

〇推進体制

◆ 本プランを推進するため、コンビナート企業と茨城県、鹿嶋市、神栖市で構成する鹿島臨海工業地帯競争力強化推進会議を設置する。

◆ 推進会議は、競争力強化プランを推進するとともに、新たな課題への対応も検討する。

◆ 推進会議は、鹿島臨海工業地帯企業連絡協議会（鹿工連）等の既存組織と連携する。

〇推進期間

◆ 5 年間：2016 〜 2020 年度

〇数値目標（KPI[18]）

◆ 製造品出荷額等（鹿嶋市＋神栖市）

2 兆 3,406 億円（2014 年速報値）→ 3 兆円（2020 年）

◆ 立地工場数（鹿島臨海工業地帯）

179 工場（2014 年度）→ 190 工場（2020 年度）

このプランにもとづき、2016 年 4 月には、鹿島臨海工業地帯競争力強化推進会議が発足した。

---

18) Key Performance Indicator, 重要業績評価指標。

　以上の検討からもわかるように、茨城県は、21世紀にはいって鹿島コンビナートの競争力強化を重点施策の一つとして位置づけ、様々な措置を講じてきた。具体的には、

- ・産業クラスター形成のための戦略策定とそれにもとづく企業誘致
- ・首都圏整備法にもとづく立地業種の緩和、処分計画の変更
- ・法人事業税、不動産取引税の課税免除
- ・固定資産税の課税免除
- ・工業用水料金の引き下げ
- ・工業用水料金の新規立地企業への優遇
- ・緑地率の低減
- ・定期修理時における特殊車両の駐車場の共同設置
- ・企業の自主保安体制構築への支援
- ・バイオマス・風力・LNG（液化天然ガス）火力等の発電推進による二酸化炭素（CO_2）排出量の削減

などを実施したのである[19]。

（5）鹿島コンビナートの今後

　鹿島コンビナートでは、「鹿島臨海工業地帯競争力強化プラン」が掲げた「パワーアップ」「バリューアップ」「レジリエンスアップ」という目標の達成をめざす動きが活発化している。ここでは、最近の注目すべき事象を、二つほど取り上げることにしよう。

　一つは、茨城県から「平成30年度（2018年度…引用者）鹿島

---

19) 鹿島臨海工業地帯競争力強化検討会議前掲書57頁参照。

臨海工業地帯設備検査等効率化支援事業」を受託した JSR が、
ドローンの利活用に関するロードマップを作成したことである。JSR の取り組みについて、『日本経済新聞』は、

　「鹿島工場（茨城県神栖市）では、ドローンに搭載した高精細
カメラでプラントの表面を撮影する実験を始めた。集めた画像
データは人工知能（AI）を使って分析し、腐食などの状況を調
べる。これまでの人手を使った検査では難しかった、微細な亀
裂なども発見しやすくなる見通し。コストも年間で数億円削減
できると見込む。

　2021 年ごろの本格実施を見込む。小柴満信会長は、『デジ
タル技術を活用してプラントの連続運転の時間を延ばし、生産
性の向上につなげる』と語る[20]」、

と報じている。また、JSR も、ホームページの IR 情報欄に掲
載した「先端技術への挑戦」と題する記事のなかで、「工場の
IoT 化」としてドローンについて、

　「ドローンを設備点検や運転パトロールに活用することで、
情報収集能力を飛躍的に向上させ、情報の履歴管理、画像解析
による腐食自動判定により、保安力の向上、作業負荷軽減を図っ
ていきます。

　鹿島工場では、2017 年から非危険物エリアの設備点検にド
ローンを使い始め、2019 年 3 月に経済産業省／総務省／厚生
労働省からの出されたプラントにおけるドローンの安全な運用
方法に関するガイドラインに基づき、6 月には定修停止期間に

20）松井基一「老いるプラントを IoT で救え」『日本経済新聞』2019 年 9 月 25 日付。

危険物施設の上空からドローンによる飛行点検を行いました。

　高所点検は、足場を組む労力と費用がかかり、危険性の高い作業です。ドローンによる点検が進むことで、高所点検の危険を排除して安全性を高めるとともに、設備点検の『目』を増やし目視検査の充実と業務スマート化を進めていきます[21]」、と述べている。

　茨城県は、JSR 鹿島工場での経験をふまえ、ドローンの利活用を鹿島コンビナート内の他の事業所にも横展開しようとしている。本書の筆者たちは、2018 年に刊行した『コンビナート新時代　IoT・水素・地域間連携』（化学工業日報社）において、IoT（Internet of Things、モノのインターネット）や AI（Artificial Intelligence、人工知能）を駆使する「スマートコンビナート」が新しい時代を切り拓くと主張した。鹿島コンビナートにおけるドローンの利活用は、「スマートコンビナート」への突破口となる可能性がある。

　最近鹿島コンビナートで生じた注目すべき事象のもう一つは、三菱ケミカルと JXTG エネルギー（現在の ENEOS）が、2019年11月に鹿島コンビナートでの連携強化をめざして、両社の折半出資により有限責任事業組合（Limited Liability Partnership, LLP）を発足させたことである。鹿島コンプレックス有限責任事業組合と名づけられたこの LLP の設立について、三菱ケミカルと JXTG エネルギーが共同で発表したプレスリリースは、

21）JSR 株式会社ホームページ、「IR 情報」「先端技術への挑戦」「工場の IoT 化」「①ドローン」。https://www.jsr.co.jp/ir/individual/advanced.html。

次のように説明している。

　「三菱ケミカル・茨城事業所と JXTG エネルギーがグルー
プ会社である鹿島石油株式会社および鹿島アロマティックス
株式会社を通じて運営する鹿島製造所は、従来より、石油コ
ンビナート高度統合技術研究組合事業（RING 事業）への参画
等を通じて連携を図ってまいりましたが、国内における石油
製品需要の構造的減少やアジア域内の石油化学プラントの新
規立ち上げといった事業環境の変化を踏まえ、今般、更に踏
み込んだ連携の検討を進めることといたしました。

　設立する LLP においては、石油精製から石油化学製品を
製造する一連の工程を通じて、原料や製造プロセスの更なる
効率化施策や、ガソリン基材の石化利用と石油化学製品（誘
導品を含む）の生産最適化についての検討を深化させ、両事業
所一体とした操業最適化により国際競争力強化を目指します。

　さらに、持続可能な環境・社会の実現を追求する機運が高
まる中、循環型社会形成への貢献を LLP の検討テーマに据
え、廃プラスチックを石油精製・石油化学の原料として再生
利用するケミカルサイクルの技術検討に取り組んでまいりま
す [22]」。

　本書の執筆者の 1 人（橘川）は、前掲した『コンビナート新時
代』の結論部分で、以下のように書いた [23]。

22）三菱ケミカル株式会社・JXTG エネルギー株式会社「鹿島地区・石油コンビナート連携強化に
　　向けた有限責任事業組合の設立について」、2019 年 11 月 7 日。
23）稲葉・平野・橘川前掲書 305 – 306 頁。

　「資本の壁[24]」がコンビナートの競争力強化を妨げている
と思われる、一つの例をあげよう。日本の化学業界では、高
機能製品に特化した専門メーカーの方が、エチレンセンター
を擁する総合化学メーカーよりも、総じて収益性が高い。エ
チレンセンターの収益性の低さが総合化学メーカーの利益率
を引き下げているわけであるが、それでもエチレンセンター
の利益率は、石油精製企業の利益率より高いことが多い。つ
まり、総合化学メーカーがエチレン製造設備を同一コンビ
ナート内で事業を展開する石油精製企業に売却すれば、総合
化学メーカーの収益性も、石油精製企業の収益性も、同時に
上昇することになる。この方法ならば、エチレン製造設備の
生産物の供給責任も、担保されることになる。エチレン製造
設備の化学メーカーから石油精製企業への事業承継が現実味
をもつのは、両者が 1：1 で向き合う水島コンビナート（三
菱ケミカルと JXTG エネルギー）ないし鹿島コンビナート（三菱
ケミカルと鹿島石油）においてであろう。（中略）

　「資本の壁」を克服することは困難ではあるが、そこに近
づく方法はある。その方法とは、各コンビナートにおいて主
要な構成企業を包含するバーチャルカンパニーを形成し、「1
コンビナート・1 カンパニー」の状況を疑似的に作り出すこと
である。

　「1 コンビナート・1 カンパニー」体制が実現し、誕生した

24）「資本の壁」とは、各コンビナートが異なる資本の多数の企業で構成されていることがコンビナー
　ト統合を妨げる「壁」となっていることを表す言葉である。

　コンビナートごとのバーチャルカンパニーに一定の権限が与
えられるならば、コンビナート高度統合へ向けた歩みが大き
く前進する可能性がある。

鹿島コンビナートにおける三菱ケミカルと JXTG エネルギー
(現在の ENEOS) との LLP 設立は、日本のコンビナート統合
に新機軸をもたらす「1 コンビナート・1 カンパニー」体制構築
の契機となるかもしれない。

第4章

千 葉

（1）千葉コンビナートの歴史と概要

　表Ⅱ−2は、千葉コンビナートの歴史をまとめたものである。表中に「操業開始」という形で登場する11社は、いずれも、2006〜2007年に活動したエネルギーフロントランナーちば

表Ⅱ−2　千葉コンビナートの歴史

年	事 項
1953	川崎製鉄千葉製鉄所（現在のJFEスチール東日本製鉄所）操業開始
1957	東京電力（現在のJERA）千葉火力発電所操業開始
	千葉県と三井不動産、市原地区の埋立事業に関する基本協定を締結
1958	三井不動産、京葉臨海工業地帯造成開始
1963	出光興産千葉製油所（現在の出光昭和シェル千葉事業所）操業開始
	丸善石油（現在のコスモ石油）千葉製油所操業開始
1964	丸善石油化学千葉工場操業開始
1965	八幡製鐵（現在の日本製鉄）君津製鉄所操業開始
1967	三井石油化学千葉工場（現在の三井化学市原工場）操業開始
	住友千葉化学（現在の住友化学）千葉工場操業開始
1968	富士石油袖ケ浦製油所操業開始
	極東石油工業（現在のENEOS）千葉製油所操業開始
1973	東京ガス袖ケ浦工場操業開始
2007	「エネルギーフロントランナーちば推進戦略」を策定
2014	「明日のちばを創る！産業振興ビジョン」を策定
	京葉臨海コンビナート規制緩和検討会議発足

出所：筆者（橘川）作成。

推進戦略策定委員会に委員を送り出した企業である。

　千葉コンビナートが発展する契機となったのは、1958年に始まった京葉臨海工業地帯の造成である。その5年前の1953年には、川崎製鉄千葉製鉄所（現在のJFEスチール東日本製鉄所）がすでに操業を開始していたが、千葉地区がコンビナートの様相を呈するようになったのは、造成の進展を受けてのことであった。

　今日、千葉コンビナートは、千葉市（生浜地区以南）、市原市、袖ケ浦市、木更津市、君津市、富津市の埋立地に約5,000haにわたって展開している。事業規模からみて日本最大のコンビナートであり、2018年の製造品出荷額等は6兆1,814億円、事業所数は226事業所、従業員数は3万6,083人に達した。千葉県全体のなかで千葉コンビナートが占めるシェアは、製造品出荷額等では51％に及び、事業所数では5％、従業員数では17％であった[25]。

（2）京葉臨海工業地帯の造成と千葉県

　京葉臨海工業地帯の造成を主導したのは、千葉県であった。この点を詳しく検討した論稿に、井下田猛「房総の自治鉱脈－第10回－　京葉臨海工業地帯の造成と県の対応」（『自治研ちば』2013年2月号［vol.10]）がある。ここでは、同稿（39－42頁）に依拠して事実関係を整理しておこう[26]。

25）以上の点については、荻野耕一「競争力強化に向けた"京葉臨海コンビナード"の持続的成長」、2019年11月14日、参照。

26）井下田猛「房総の自治鉱脈－第10回－　京葉臨海工業地帯の造成と県の対応」（『自治研ちば』2013年2月号［vol.10]）は、公害の発生、地盤の液状化、漁業の崩壊などにも言及して、京葉臨海工業地帯の造成事業の負の側面も強調している。

○千葉県の埋立による巨大プロジェクト開発の出発点となったのは、1940年に内務省と千葉県が策定した「東京湾臨海工業地帯計画」である。

○この計画によって埋立・造成された土地に、千葉県の誘致を受けた川崎製鉄が千葉製鉄所を建設し、1953年に操業を開始した。

○ 1951年に千葉県副知事に就任した友納武人は、企画調整室を設立して財源確保や企業誘致、漁業補償などに当たり、三井不動産との連携による埋立・造成事業の推進を図った。

○ 1959年に千葉県は「京葉臨海工業地帯造成計画」を策定し、1960年には千葉県開発公社が設立された。

○ 1963年に千葉県知事に友納武人が就任したが、「友納県政の基本は、主として京葉臨海コンビナートの造成・完成におかれた[27]」。

○友納県知事が三井不動産とともに遂行した大規模な埋立・造成事業では、当初は「千葉方式」、1961年以降は「共同事業方式（出洲方式）」と呼ばれた独特の資金調達の方式が採用された。

「千葉方式」「出洲方式」とは、何だろうか。千葉県のパートナーとなって埋立・造成事業を推進した三井不動産の社史（『三井不動産四十年史[28]』）によって、その内容を確認することにしよう。

---

27) 同前39頁。

28) 三井不動産株式会社『三井不動産四十年史』、1985年。なお、ここでの同書の引用部分については、本書の執筆者の1人（橘川）が執筆を担当した。

三井不動産は、1957年に千葉県と市原地区の埋立事業に関する基本協定を締結し、1958年から京葉地区での浚渫埋立事業を大規模に展開した。

　まず、「千葉方式」について、『三井不動産四十年史』は、次のように述べている。

　「千葉県が市原地区の埋立事業で採用した開発方式は、『千葉方式』と呼ばれるものであった。千葉県は、開発方式について、①埋立工事の県営主義、②土地分譲代金の予納、③先行投資の回避、④産業基盤整備費等の受益者負担、などの諸原則をかかげ、県自身が埋立権を取得し造成工事の事業主体となりつつ、工場用地の造成費用（埋立工事費・漁業補償費等）や産業基盤の整備費用（地区内の道路・鉄道・公共緑地・防波堤等の建設費）の全部、および後背地の整備費用の一部を進出企業に予納させる方式をとった。これがいわゆる『千葉方式』である」[29]。

　「この『千葉方式』は、財政的に苦しい状態にある千葉県が、財政負担を回避しつつ埋立事業を進めるために考え出した苦肉の策であり、同時にこれは、他府県の場合には通常買手市場となる埋立工場用地が、東京に近いという特性をもつ千葉県の場合には売手市場になりがちだという有利な条件を利用した名案でもあった。

　しかし、この『千葉方式』が順調に機能するためには、まず工事費用を予納する進出企業が決定している必要があった。また、進出企業が、工事計画に基づき四半期ごとに徴収される予

29）同前119頁。

納金を県に遅滞なく支払う必要もあった。これらの点でもし支障が生じれば、埋立事業は立往生することになりかねない。事業資金の提供や進出企業の誘致などの役割を果す当社のような開発事業者の参画が求められたのは、こうした事態を回避するためであった。

　当社は、市原地区埋立の事業主体である千葉県から浚渫埋立工事を一括受注する代わりに、進出企業の決定に協力すること、進出企業が未決定の土地がある場合および進出企業が予納金を滞納した場合には代納することなどの条件を受け入れた。その結果、工事代金を県から受け取る立場の当社が、工事代金の源泉となる進出企業の予納金の県への支払いに責任をもつことになった。このような参画方式は、当社に膨大な資金負担を課する可能性があったが、一流企業を進出企業とすることによって、資金負担を一定限度内に抑えることができると当社は判断したのである[30]」。

　続いて、「出洲方式」について、『三井不動産四十年史』は、以下のように記している。

　「千葉県は、昭和33年（1958年…引用者）に策定した『京葉工業地帯造成計画』[31]のなかで、千葉市出洲海岸地先海面を495万8,000m^{2}埋め立て、工場用地および公共用地を確保し、あわせて千葉港を商工業港として整備する方針を打ち出した。この埋立事業の場合には、市街地前面という立地条件から、都市

30）同前 119 – 120 頁。
31）井下田前掲論文とは、策定年次の認識に関して、1 年の齟齬がある。

的施設用地の確保や、市街地の中小工場をここに移転しその跡地の都市再開発的な土地利用を大きな目的としていた。そのため、あらかじめ大企業に分譲予約を行ない、予納金を納入させて事業資金とする『千葉方式』（中略）によることは困難であった。そこで千葉県は、必要な先行投資資金を獲得するため民間資本を導入することを決断し、当社との共同事業方式にふみ切った。（中略）

　千葉県が共同事業のパートナーとして当社を選択したのは、さきの市原地区の埋立事業における当社の活躍を評価したことと、当社が独自に千葉港中央地区埋立の準備を進めていたことが大きな要因となった。当社は、地元の漁業補償交渉に積極的に関与し、37年（昭和37年＝1962年…引用者）5月には同地区の埋立免許申請を千葉県知事に提出していた。

　結局、千葉港中央地区の浚渫埋立事業は、千葉県主導の『千葉方式』でも当社による自社埋立でもなく、両社の共同事業で実行されることになった。千葉県と当社は38年10月に『千葉港中央地区土地造成事業に関する協定書』を締結し、次のような内容を取り決めた。これが『出洲方式』と呼ばれるものである。

1. 埋立免許は従来どおり千葉県が取得し、漁業補償も県が行なう。
2. 造成計画および企業の配置計画は千葉県が立案し、当社は県の企業誘致方針に協力する。
3. 総工事費中3分の1は県が負担し、3分の2は当社が負担する。
4. 千葉県は造成した土地のうち、公共用地を除く3分の2

を当社に分譲し、県は公共用地と売却予定地の 3 分の 1
を保有する。

5.　工事の 2 分の 1 は当社が負担する[32)]」。

結果的に見て、「公共用地を除く 3 分の 2」の埋立地を三井
不動産に分譲した「出洲方式」は、同社に大きな利益をもたら
すことになった。当時は、地価の上昇が続いていたからである。
この点に関連して、井下田前掲論文は、「三井不動産は先きへ
行って値がハネ上る土地を押さえて巨利をはくした。三井不動
産所有のわが国初の超高層ビルの東京・霞ヶ関ビルが、別名 “友
納ビル”と呼ばれている所以が、ここにある[33)]」とまで、書
いている。

その後、1973 年に公有水面埋立法が改正され、「出洲方式」
のようなやり方で民間事業者が埋立事業に関与することは不可
能になった。また、第 1 次石油危機後の経済成長率の低落に
より、全国的に工場用地への需要が冷え込んだ。ここに、京葉
臨海工業地帯の埋立事業は、一段落することになったのである。

（3）「エネルギーフロントランナーちば推進戦略」

21 世紀にはいって千葉県が千葉コンビナートの競争力強化
や地域共生に最も力を入れたのは、2007 年 6 月に「エネルギー
フロントランナーちば推進戦略」を策定したときのことであっ
た。千葉県は、2006 年 11 月、コンビナート企業 11 社[34)] の

---

32) 三井不動産前掲書 200 – 201 頁。
33) 井下田前掲論文 40 頁。
34) 出光興産、極東石油工業、コスモ石油、住友化学、富士石油、丸善石油化学、三井化学、JFE スチール、新日本製鐵、東京ガス、東京電力、の 11 社（社名は、エネルギーフロントランナーちば推進戦略策定委員会の発足時点のもの）。

代表と2人の有識者[35]から成る13人の委員によって構成されたエネルギーフロントランナーちば推進戦略策定委員会を設置した。同委員会の会合に当時の堂本暁子県知事が参加した事実からも、千葉県の力の入れ様をうかがい知ることができる。

　千葉県と同委員会が策定した「エネルギーフロントランナーちば推進戦略」は、

　①企業間の連携

　②企業と地域の連携

　③企業と県及び国の連携

という「三つの連携による戦略の検討及び実施」を掲げた。そして、

　①冷熱の活用

　②熱電の共用

　③重質留分の活用

　④水素の活用

　⑤その他の取り組み

　　1) 規制緩和の推進

　　2) 配管、排水処理場、倉庫、タンク、バース等のロジスティック施設の共同化の検討

　　3) 工業用水事業効率化の検討

　　4) 京葉臨海コンビナートの中核人材の育成

からなる「競争力強化に向けた取り組み」と、

　①コンビナートと周辺地域との連携による省エネ・環境調和

---

35) 有識者のなかには、本書の共著者である橘川武郎（委員長）も含まれていた。

　型地域づくり

　　1) 環境調和型ボイラの地域活用

　　2) 水素エネルギーの地域への供給

　②産業観光・環境教育・実践型教育推進のモデル地域づくり

　③地球環境・エネルギー・生物資源等の学術研究拠点の形成

　④人・自然・文化の調和・共存を支える「千葉の里山・森づ
　　くり」

からなる「地域との共生に向けた取り組み」という、2本柱の
施策を打ち出した[36]。

　本書の共著者の1人 (橘川) は、『電気新聞』2007年6月25
日付の「ウエーブ　時評」欄に、「地域共生めざす千葉コンビナー
ト」と題する文章を寄せたことがある。ここで、その内容の一
部を紹介しておこう。

　　　　●●●

　　コンビナートは、高度経済成長期には、地域経済振興の切
　り札的存在であった。しかし、34年前の石油危機を機に主
　役の座を追われ、それ以来今日まで「不遇」をかこってきた。
　その間、各府県に登場した地域振興に熱心な改革派知事も、
　ハイテク産業の誘致に力を注ぐことはあっても、コンビナー
　トの活性化に関心を示すことはなかった。

　　ところが、このような「コンビナート不遇の時代」に終止
　符を打つ画期的な取り組みが、千葉で始まろうとしている。

---

36) 以上の点については、千葉県・エネルギーフロントランナーちば推進戦略策定委員会『エネル
　ギーフロントランナーちば推進戦略』、2007年6月、参照。

千葉県と経済産業省、およびコンビナート関連 11 社（中略）が、共同署名のうえ 6 月 7 日に発表した「エネルギーフロントランナーちば推進戦略」が、それである。

　この「推進戦略」は、競争力強化と地域共生との二つの取り組みによって構成される。競争力強化の取り組みとしては、①石油重質留分の活用と熱電の共用をめざす環境調和型ボイラの設置、② LNG 基地における極低温冷熱を活用したエチレンの液化、③熱電の共用をめざす高効率熱電供給施設の共同設置、の実現を図り、地域共生の取り組みとしては、④水素エネルギーの地域への供給・活用、⑤産業観光と実践型環境教育推進のモデル地域づくり、⑥コンビナート企業も参加した「千葉の森」づくり、の施策を進める。このうち①は県内各地の下水汚泥の活用をも図るものであり、地域共生の意味合いももっている。一方、④はコンビナート内で発生する余剰水素を有効利用するものであり、競争力強化にも貢献する。また、①②③を合わせて、年間 59 万トンの二酸化炭素排出量の削減が見込まれることも、魅力的である。

　「推進戦略」を実行に移すため、コンビナート関連企業と千葉県の代表からなる推進委員会が、まもなく設置される。同時に、①〜⑥のプロジェクト実現へ向けた千葉県庁内の担当組織も発足すると言う。第一ステップとしては、①②③のフィージビリティ・スタディが予定されている。（中略）

　この「推進戦略」は、2000 年の石油コンビナート高度統合運営技術研究組合（RING）の設立によって始まったコンビナート・ルネサンス事業の成果をふまえ、それを、地域共生

の方向へさらに発展させたものと評価することができる。

　千葉の「推進戦略」の場合には、RINGの事業に課せられている新技術の開発という事業内容の制約がない。したがって、コンビナートを擁する日本各地の他の府県にも、ただちに適用可能な枠組みだと言える。そのような意味合いを込めて、千葉の「推進戦略」は、「フロントランナー」と銘打たれているわけである。例えば、RING事業の対象外とされてきた三重県の四日市コンビナートにも、千葉の「推進戦略」の枠組みをあてはめることができる。「コンビナート不遇の時代」は、終焉をとげようとしている。

この文章にあるように、千葉県がリーダーシップを発揮して策定した「エネルギーフロントランナーちば推進戦略」は、「日本各地の他の府県にも、ただちに適用可能な枠組み」であった。他のコンビナートでも、自治体と企業が連携して地方創生をめざす取り組みが進行する一つのきっかけとなったのである。

　「エネルギーフロントランナーちば推進戦略」の策定に前後して千葉コンビナートでは、RING事業も含めて、企業間の連携が活発に展開された[37]。2003～2005年度の第2期事業（「RING II」）では、二つの事業が取り組まれた。

　一つは、「コンビナート先端的複合生産技術開発」である。これは、石油精製と複数の石油化学工場における原料、燃料お

および用役を相互融通するとともに、石油化学原料を多様化し、余剰留分や副生成物を活用して、コンビナートの生産・エネルギー使用の効率化を可能とする複合的な生産にかかわる技術開発であった。

　もう一つは、「副生成物高度異性化統合製造技術開発」である。これは、石油精製と石油化学における副生成物の高度利用として、コンビナートの石油化学装置から生産される低硫黄・低蒸気圧のC6〜C8留分副生成物を原料とし、高度異性化プロセス技術により環境調和型ガソリンを高効率に製造する技術の開発であった。

　2006〜2008年度の第3期事業（「RING Ⅲ」）として千葉コンビナートで実施されたのは、「コンビナート副生成物・水素統合精製技術開発」である。これは、石油精製・石油化学装置から副生する未利用の分解C4留分を原料として、クリーン燃料および高付加価値化学原料のプロピレンを高効率で生産する技術の開発であった。

　千葉コンビナートでは、その後も、企業間連携の取り組みが継続した。

　2009〜2010年度には、経済産業省が支援する石油供給構造高度化事業として、「コンビナートC4活用連携事業」が実施された。事業内容は、富士石油袖ケ浦製油所で生産されるブタンおよびブチレンを、住友化学千葉工場のエチレン原料として供給するための配管および関連装置を設置することであった。

　同じ2009〜2010年度には、「コンビナートナフサ供給連携事業」も実施された。事業内容は、出光興産千葉製油所・千

葉工場および三井化学市原工場で使用する原料ナフサを共同で揚荷・使用するための設備を設置することであった。

　さらに、2014〜2016年度には、経済産業省が支援する石油産業構造改善事業として、「コンビナート製油所統合運営事業」が取り組まれた。事業内容は、コスモ石油千葉製油所と極東石油工業（現在のENEOS）千葉製油所とをパイプラインで結び、精製設備の最適化を行うとともに、共同事業体での生産計画および設備の統合運営をめざすものであった。

　このように、千葉コンビナートでは、「エネルギーフロントランナーちば推進戦略」策定に前後して、企業間連携の取り組みが活発に展開された。それらの取り組みは、当初、RING事業として行われたが、やがて、「新技術の開発という事業内容の制約がない」ポストRING事業として実施されるようになった。

（4）「明日のちばを創る！産業振興ビジョン」

　千葉県は、2010年代においても、京葉臨海コンビナート（千葉コンビナート）の競争力強化をめざす取り組みを継続した。千葉県が2014年4月に策定した「明日のちばを創る！産業振興ビジョン」は、五つの重点施策の1番目に「京葉臨海コンビナートの競争力強化」を掲げているが、そのなかでそれにいたる経緯について、以下のように説明している。

　　「県では、平成24年度（2012年度…引用者）にコンビナートの現状と課題を把握するための企業ヒアリングを実施するとともに、更にヒアリングの論点を整理するため、『コンビナート活性化検討準備会[38]』を開催し、今後の検討すべき

95

テーマとして、『規制緩和』『施設・整備の更新』『工業用水』の３点に絞り込みを行いました。

平成25年度の上期には、同準備会で整理された三つのテーマを具体的に検討すべく、立地企業と地元自治体で構成する『コンビナート競争力強化検討会[39]』において、次の三つの施策の方向性の検討及びその取りまとめを行い、今般、その内容を本ビジョンへ反映することとしました。

　　・新たな設備投資を促すための緑化規制の見直し
　　・立地企業の競争力強化につながる再投資支援
　　・工業用水の安定供給と受水企業の負担軽減[40]」

ここで言及された三つの施策は、着実に実施された。緑地規制の見直しについては、2014年に千葉市・市原市・袖ケ浦市が、2015年に木更津市・君津市が、2019年に富津市が、工場立地法の緑地率の緩和に向けた市準則条例の改正を行った。再投資の支援については、立地企業補助金に「再投資支援制度」が導入された。これは、従前は新規立地のみに対する助成であったものを改め、マザー工場化、事業高度化等に対しても立地企業の投資を支援するという制度であった。さらに、工業用水については、2014年に主要給水エリアである２地区（房総臨海地区と木更津南部地区）で工業用水道料金が引き下げられた[41]。

38）コンビナート活性化検討準備会は、千葉コンビナート立地企業10社、千葉県関係機関、千葉県経済協議会を構成員とし、2013年１〜３月に活動した。

39）コンビナート競争力強化検討会は、千葉コンビナート立地企業５社、千葉県関係機関、地元６市を構成員とし、2013年６〜９月に活動した。

40）千葉県『明日のちばを創る！産業振興ビジョン』、2014年４月、26頁。

（5）千葉コンビナートの今後

　現在でも、千葉コンビナートでは、企業間連携にもとづく様々な競争力強化の取り組みが遂行されている。そのいくつかに、目を向けることにしよう[42]。

　一つは、さらなる規制緩和の推進である。千葉コンビナート12社と千葉県、千葉市、市原市、袖ケ浦市、木更津市、君津市、富津市、千葉県経済協議会は、2014年7月に京葉臨海コンビナート規制緩和検討会議を設置した。その後、千葉コンビナートでは、石油コンビナート等災害防止法におけるレイアウト規制の緩和、検査・保安に係る各種手続きの簡素化、土壌汚染対策法の規制の見直しなどが進んだ。現在でも、防爆規制やドローン規制を見直す動きが続いている。

　もう一つは、スマートコンビナートの追求である。製造部門ではプロセス予測による操作の自動化や支援システムによるリアルタイムな情報提供、設備部門では異常予兆の見える化によるコンディションベースの保守への移行やタブレット等の活用によるリアルタイムな情報共有と迅速な意思決定、間接部門では情報の一元化や需要に応じた最適自動立案、などが課題となっている。

41）以上の点については、荻野前掲資料参照。
42）以下の記述については、同前参照。

第5章
川　崎

（1）川崎コンビナートの歴史と概要

表Ⅱ－3は川崎コンビナートの歴史をまとめたものである。表Ⅱ－3には、主要な製造業・エネルギー企業の事業所の開設時期（川崎市臨海部の企業間連携を担うNPO法人である産業・環境創造リエゾンセンターの会員企業を対象とした）と川崎市臨海部の工業地域に関する行政の施策がまとめられている。川崎はすでに第二次世界大戦前に京浜工業地域の一角として工業化が進み、戦後に沖合の埋め立てを進める中で石油精製や石油化学に関連する多数の企業が進出し、重化学工業、エネルギー産業の事業所が立ち並ぶことになった。

中核的な事業所は、沿岸部では日本鋼管（現在のJFEスチール東日本製鉄所京浜地区）、ゼネラル石油、東亜燃料・東燃石油化学と日本石油・日本石油化学（現在のENEOS川崎製油所および東燃化学の川崎製造所）、東亜石油、東京電力（現在のJERA）の川崎火力発電所、東京ガスの扇島LNG基地などである。ENEOSグループはエチレン設備を有しており、周囲には同工場から生産される誘導品を用いて化学製品を生産する企業（旭化成、昭和電工など）も多数立地する。さらに、多摩川沿岸には味の素の川崎工場やライフサイエンス・環境分野を中心としたオープンイノベーション拠点であるキングスカイフロント

表Ⅱ-3　川崎コンビナートの歴史 (1/2)

年	事項
1908	浅野総一郎が鶴見・川崎海岸の埋立を目的とした鶴見埋立組合を設立
1913	鶴見埋立組合、鶴見・川崎海岸地区埋立事業着工
1914	日本鋼管 (現在の JFE スチール)、第1号平炉初出鋼
	鶴見埋立組合を改組し、鶴見埋築会社 (現在の東亜建設工業) 設立
	味の素、川崎工場設置
1917	浅野セメント株式会社川崎工場操業開始
1931	昭和肥料 (現在の昭和電工) 川崎工場操業開始
	日本鋼管、高炉操業開始
1937	県営京浜工業地帯造成事業着工
1941	浅野セメントより日本高炉セメント株式会社 (現在のデイ・シイ) が独立
1944	鶴見埋築会社が合併により東亜港湾工業に社名変更
1952	米国ダウ・ケミカル社と合弁で旭ダウ株式会社 (現在の旭化成) 設立、川崎地区へ進出
1955	東亜石油、川崎市に製油所を建設し石油精製事業へ進出
1957	県営川崎臨海工業地帯造成事業着工
1958	県営扇島埋立事業着工
1959	川崎市営千鳥町埋立事業完成
	日本石油化学 (現在の ENEOS)、川崎コンビナート操業開始
1960	昭和電工、川崎で石油化学製品 (プロピレンオキサイド) の生産開始
	ゼネラル石油 (現在の ENEOS) 川崎製油所操業開始
1961	東京電力、川崎火力発電所 (現在の JERA 川崎火力発電所) 運転開始
1962	県営浮島埋立事業完成
	東燃石油化学 (現在の東燃化学)、川崎コンビナート操業開始
1963	県営扇島埋立事業完成
1975	日本鋼管扇島埋立事業完成
1976	日本鋼管、扇島に移転
1981	川崎市産業構造雇用問題懇談会『川崎市産業構造の課題と展望』を発表
1982	旭化成、旭ダウを合併
1989	川崎市営東扇島埋立事業完成

表Ⅱ-3　川崎コンビナートの歴史 (2/2)

年	事項
1993	川崎市、「産業振興プラン」策定
1997	川崎市、「かわさき 21 産業戦略アクションプログラム」作成
1998	東京ガス、扇島 LNG 基地稼働
2003	国際環境特区認定。「川崎臨海部再生プログラム」を発表
	川崎臨海部再生リエゾン推進協議会がスタート
2004	NPO 法人　産業・環境創造リエゾンセンター設立
2005	いすゞ自動車、川崎工場敷地売却 (2002 年より順次、藤沢工場及び栃木工場へ生産移管)
2008	京浜臨海部コンビナート高度化等検討会議発足
2010	川崎スチームネット稼働
2011	京浜臨海部ライフイノベーション国際戦略総合特区指定
2012	キングスカイフロント (殿町地区) が特定都市再生緊急整備地区に指定
2016	ライフイノベーションセンター竣工
	川崎市、臨海部ビジョン有識者懇談会を設置
2018	川崎市、「臨海部ビジョン」を発表
2019	川崎臨海部再生リエゾン推進協議会が川崎市臨海部活性化推進協議会に名称変更

出所：川崎市『川崎港のあゆみ (改訂版)』2011 年、原田誠司「川崎市の産業政策と都市政策を考える：第 1 節川崎市における産業政策と都市政策の展開」専修大学社会知性開発研究センター・都市政策研究センター『川崎都市白書：未来創造都市・川崎』2007 年、各社ホームページより筆者作成

も存在している。

　川崎臨海部全体は約 2,800 ヘクタールの広さを有しており、工業統計調査によれば 2017 年の川崎市川崎区における製造品等出荷額は 3 兆 621 億円、粗付加価値額は 1 兆 472 億円、事業所数は 362、従業者数は 24,540 名である。川崎区の出荷額は、コンビナートを有する市町村の中では、市原市、倉敷市に次いで大きい。

　臨海部地域は税収面においても大きな貢献をしている。川崎市の法人関係の税収（法人市民税、固定資産税、事業所税、都市計画税）の総額のうち臨海部に立地する企業による納付が 37.6％を占めている[43]。臨海部に立地する企業の税額が大きい背景としては、巨大な設備・敷地を有する業種であるため、固定資産税額が大きいことが指摘されうる。法人関係の 4 税目のうち固定資産税が 7 割程度を占めていると推定される。

　川崎市では同市の臨海部を 11 のエリアに分け、地区ごとの課題解決を進めるとともに、各拠点における関連プロジェクトの推進を図っている[44]。それらは、①多摩川リバーサイド地区、②塩浜西地区、③塩浜東地区、④浮島町地区、⑤千鳥町地区、⑥東扇島地区、⑦水江町地区、⑧扇町地区、⑨浜川崎駅周辺・浅野町地区、⑩白石・大川地区、⑪扇島地区である。『臨海部ビジョン』によれば、石油・石油化学産業は主として④と⑤、鉄鋼業は⑦・⑨・⑪、エネルギー施設は⑤・⑥・⑦・⑧に集積しているという。⑥には物流施設が集積し、日本最大級の冷凍冷蔵倉庫群も立地している。

（2）川崎臨海部工業地帯の造成と神奈川県・川崎市

　川崎は戦前から積極的に工業誘致政策をとっており、早くから重化学工業の集積地として発展した[45]。1912 年には町議会が「工業誘致を百年の町是となす」と決議し、工業誘致策を町政発展の基本方針とした。重化学工業の立地が早くから川崎に

43）川崎市臨海部国際戦略本部へのヒアリング（2019 年 9 月 18 日）に基づく。

44）川崎市ホームページ「川崎臨海部地区カルテ・アクションマップ」。http://www.city.kawasaki.jp/590/page/0000055844.html。

おいて進んだ理由としては、（1）東京の工業用地不足（川崎は既存の工業地である品川、大田区等の城南地域に隣接し、新たな工業立地として適地であった）、（2）広大な用地の入手の容易さ（当時の川崎臨海部は巨大な低湿地であったため、大工場を建設するための広大な用地を埋め立てにより確保することが容易）などが指摘されている。

　他のコンビナート地域とは異なる川崎臨海部の造成に関する特徴としては、（1）埋め立て期間が極めて長期であった、（2）埋め立てを担う事業主体が多様であった点に求められる[46]。**図Ⅱ－1**は、川崎臨海部の造成地を地図上に示したものである[47]。川崎臨海部の埋め立ては、1908年に浅野総一郎が埋め立て工事に着手したことに始まり、第二次世界大戦終戦までは浅野総一郎・浅野系企業と神奈川県が主体となって進められた。戦後は神奈川県、川崎市、日本鋼管が埋め立てを行い、1975年には臨海部の工業地域の埋め立てがほぼ完了した。その後も東扇島の埋め立てが行われ、現在も浮島で埋め立てが続いている。

45）原田誠司「川崎市の産業政策と都市政策を考える：第1節川崎市における産業政策と都市政策の展開」専修大学社会知性開発研究センター・都市政策研究センター『川崎都市白書：未来創造都市・川崎』2007年、205－215頁。原田は後述の「川崎臨海部再生リエゾン研究会」の副座長でもあった（川崎市ホームページ「川崎臨海部再生リエゾン研究会の概要」。http://www.city.kawasaki.jp/590/page/0000053541.html）。
46）竹内淳彦「川崎臨海工業地区の展開とその性格」『新地理』第38巻第2号、1990年、23－35頁。
47）川崎臨海部の造成についての記述は、川崎市『川崎港のあゆみ（改訂版）』2011年、7－21、29－38、53－59、86－103頁、京浜臨海部再編整備協議会「横浜・川崎臨海部工場立地図」2020年、竹内前掲論文24－26頁、川崎市ホームページ「川崎港の歴史」http://www.city.kawasaki.jp/kurashi/category/29-6-1-15-2-0-0-0-0.html を参照。

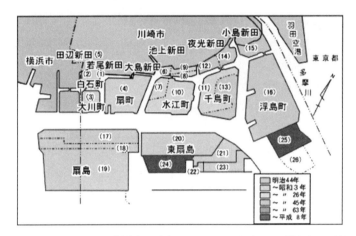

出所：川崎市ホームページ「川崎港の歴史」。http://www.city.kawasaki.jp/kurashi/ category/29-6-1-15-2-0-0-0-0.html

図Ⅱ－1　川崎臨海部の埋立状況

　他のコンビナート地域では、明確な目的と計画に基づき、限定された事業主体によって比較的短期間で工業用地の造成が行われたのとは対照的である。以下ではより詳細に造成の様相を見てみよう。

　戦前期に川崎臨海部の埋め立てにおいて中心的な役割を果たしたのは浅野系企業（のちの浅野財閥）であった[48]。浅野総一郎は1884年に深川の官営セメント工場の払い下げを受け、同氏のセメント会社は業界トップに成長した。欧米諸国の視察を通

48）渡邉恵一「金融財閥と産業財閥」経営史学会編『日本経営史の基礎知識』2004年、88－89頁。

じて工業の必要性を痛感していた浅野総一郎は 1908 年に渋沢
栄一、安田善次郎などと鶴見埋立組合（東亜港湾工業を経て、現
在の東亜建設工業）を設立し、**図Ⅱ－1**と**表Ⅱ－4**の①～⑧の
区域である南渡田町、白石町、大川町、扇町、竹之下、池上町、
水江町と夜光 3 丁目の一部を造成した。同地には日本鋼管や
浅野造船所などの系列企業や日清製粉、三菱石油、東京電力、
昭和電工などが進出し、京浜工業地帯の原型が築かれた。

　まずは民間によって工業用地の造成が行われた後に、神奈川
県や川崎市など自治体による埋め立ても開始された。神奈川県
は 1937 年から総事業費 2,180 万円の 10 カ年計画で京浜工業
地帯の造成事業に着手した。第 1 区の⑩水江町と第 2 区の⑨
夜光 3 丁目の一部が完成したものの、第 3 区の⑪千鳥町地区
は第二次世界大戦の影響により、途中で事業が中断し終戦を迎
えた。

　戦後になると 1950 年に港湾法改正が改正され 1951 年に川
崎港が横浜港から独立し、工業港として整備するための計画が
進められていった。1951～59 年にかけて川崎市が未完成と
なっていた⑬千鳥町の埋め立てを進めた。同地には市営の公共
埠頭も設けられ、エチレンセンター企業である日本石油化学を
中心に複数の石油化学企業が進出した。神奈川県も 1957～
63 年にかけて⑯浮島町の埋め立てを進め、同地には東亜燃料、
エチレン製造を行う東燃石油化学を中心に多数の石油化学工場
が立地した。

　同時期には鉄鋼業に関連する埋め立ても行われた。神奈川県
は 1958 年から日本鋼管などの残滓投棄による⑰⑱扇島の埋め

表Ⅱ-4　川崎臨海部の造成時期と事業主体

番号	地名	埋立企業	工期 着手 (年)	工期 竣工 (年)	埋立面積 (m²)
①	川崎区南渡田町	浅野総一郎	1913 年	1920 年	3,074
②	川崎区白石町	浅野総一郎	1913 年	1926 年	390,878
③	川崎区大川町	浅野総一郎	1913 年	1926 年	462,481
④	川崎区扇町	浅野総一郎	1913 年	1927 年	1,691,214
⑤	川崎区竹之下	浅野総一郎	1913 年	1928 年	5,140
⑥	川崎区池上町	東亜港湾工業㈱	1935 年	1936 年	191,426
⑦	川崎区水江町	東亜港湾工業㈱	1935 年	1936 年	340,068
⑧	川崎区夜光 3 丁目	東亜港湾工業㈱	1940 年	1941 年	200,712
⑨	川崎区夜光 3 丁目	神奈川県	1937 年	1941 年	111,054
⑩	川崎区水江町	神奈川県	1937 年	1941 年	1,280,026
⑪	川崎区千鳥町	神奈川県	1937 年	1943 年	495,000
⑫	川崎区夜光 2 丁目	東亜港湾工業㈱	1953 年	1954 年	220,250
⑬	川崎区千鳥町	川崎市	1953 年	1964 年	1,443,133
⑭	川崎区夜光 1 丁目	東亜港湾工業㈱	1959 年	1960 年	393,595
⑮	川崎区小島町	神奈川県	1957 年	1959 年	660,852
⑯	川崎区浮島町	神奈川県	1957 年	1963 年	3,794,563
⑰	川崎区扇島	神奈川県	1957 年	1963 年	919,123
⑱	川崎区扇島	神奈川県	1971 年	1973 年	470,232
⑲	川崎区扇島	日本鋼管㈱	1971 年	1975 年	2,410,408
⑳	川崎区東扇島	川崎市	1972 年	1975 年	2,170,001
㉑	川崎区東扇島	川崎市	1972 年	1979 年	916,738
㉒	川崎区東扇島	川崎市	1972 年	1981 年	56,921
㉓	川崎区東扇島	川崎市	1972 年	1983 年	413,434
㉔	川崎区東扇島	川崎市	1972 年	1990 年	797,821
㉕	川崎区浮島 1 期地区	川崎市	1975 年	1996 年	924,900
計					20,763,044
㉖	川崎区浮島 2 期地区	川崎市	1995 年	工事中	730,000

出所：川崎市ホームページ（川崎港の歴史、http://www.city.kawasaki.jp/kurashi/category/
　　　29-6-1-15-2-0-0-0-0.html）

立てを進めた。この費用の90％は日本鋼管が負担していたため、埋め立て後は同社の所有地となった。さらに1971年からは日本鋼管が事業主体となり⑲扇島の埋め立てを進め、同社は鶴見、川崎、水江などに分散していた工場を統合、集約化し、1976年に京浜製鉄所を完成させた。

　1970年代以降も現在に至るまで川崎市は埋立事業を継続し、それらの用地の多くはエネルギー関係や物流関係の用地として利用されている。1975年に完成した⑳東扇島には東京電力の火力発電所・LNG基地、東亜石油などが立地し、東扇島の㉑〜㉔には日本通運、日立物流、山九などの物流業の企業が多く立地している。1975〜96年にかけて浮島町の先に㉕浮島1期地区が造成され、首都高速湾岸線と東京湾アクアラインの結節点として川崎浮島ジャンクションが設けられた。1995年からは㉖浮島2期地区の埋め立ても開始され、現在でも造成が続いている。

（3）川崎市の産業政策のあゆみ [49)]

　1990年代に川崎は製造業の縮小という大きな産業構造の転換に直面した。川崎市における製造業は、1991年には事業所数3,215、従業者数134,945人、製造品出荷額等6.4兆円であったのに対して、2004年には事業所数1,776、従業者数55,627人、製造品出荷額等3.8兆円に急減するのである。この減少の大きな要因は電気機械の製造業の縮小にあった。大手電機企業が川崎市における製造から撤退し、1991年には事業所数822、

49）特記のない限り、本項の記述は原田前掲論文、209 – 210頁に基づいている。

従業者数 50,761 人、製造品出荷額等 1.6 兆円であった電気機械の製造業は 2004 年には事業所数は半減し 400 となり、従業者数は 5 分の 1 である 11,813 人、出荷額はわずか 1,828 億円に急減した。

　こうした状況下で川崎市は積極的に産業政策を展開するも、先述のように製造業の出荷額に歯止めがかかることはなかった。1993 年に川崎市は、(1) 市民生活を支援する産業の振興、(2) 高度研究開発・生産都市への展開、(3) 国際経済・技術交流の推進を施策の柱とする「かわさき産業振興プラン」を策定した。しかし、この産業振興プランは全体的な枠組みが産業・経済の実態と乖離していたため、川崎市はわずか 2 年後には次のプランの策定作業に入り、1997 年に「かわさき 21 産業戦略・アクションプログラム」を策定した[50]。原田 (2007) によれば、このアクションプログラムは、「いわゆるハコモノづくりではなく、中小企業の競争力を強化し、ベンチャー企業・新産業創出を可能にするソフトシステム（地域産業システム）づくりであり、目に見える成果はすぐに確認できなかった」ものの、「政府のベンチャー育成政策への転換を先取りする政策プラン」であったという。

　臨海部の再生、活性化を目指す本格的な動きは、川崎市が 1996 年に策定した「川崎臨海部再編整備の基本方針」から始まったと考えられる[51]。この基本方針は、(1) 新たな地域産業

---

50) 瀧田浩「『かわさき 21 産業戦略・アクションプログラム』の着実な推進に向けて」川崎市総合企画局都市政策部『政策情報かわさき』第 4 号、1998 年、17 頁。

の構築による地域経済の活力の増進、(2) 職・住・遊のバランスの取れた地域形成、(3) 水際線の親水化・市民開放によるアメニティ空間の整備、(4) 地域としての防災性の向上、(5) 先進プロジェクトとしての四つの拠点 (南渡田周辺地区、塩浜地区、東扇島地区、浮島地区) 整備、(6) 臨海部交通体系の整備から成り立ち、産業振興にとどまらない地域としての臨海部の再整備を企図した計画であった。この中で、既存の産業集積を生かし、資源循環型社会に貢献し、市民に歓迎される再編を実現するため、臨海部の立地企業と行政・学識者を交えた研究会の立ち上げが検討された。

　2001 年には、臨海部の鉄鋼、化学等の大手企業を主体とした地元の産業界、行政関係者、学識経験者で構成される「川崎臨海部再生リエゾン研究会」が設立された [52]。研究会にはインフラや環境等に関する作業部会も設置され、2 年間の研究の末に 2003 年に「川崎市臨海部再生プログラム」が策定され、実施組織として「川崎臨海部再生リエゾン推進協議会 (現在の川崎市臨海部活性化推進協議会 [53])」や特定非営利活動法人 (NPO法人)「産業・環境創造リエゾンセンター」[54] も設立された。原田 (2007)

---

51) 以下の「川崎臨海部再生プログラム」に関する記述は、中村健「臨海部再編のシナリオ」川崎市総合企画局都市政策部『政策情報かわさき』第 10 号、2001 年、66‐67 頁を参照。また、この基本方針に先立ち、川崎市は 1992 年には「川崎臨海部再編整備基本計画」を策定している。この基本計画が策定された背景には、事業所の減少が続き広大な遊休地が同市に発生していたことがある。

52) 「川崎臨海部再生プログラム」策定に至る経緯は、上原彩「臨海部の持続的発展に向けて」川崎市総合企画局都市政策部『政策情報かわさき』第 35 号、2017 年、35‐37 頁を参照した。

53) 有識者のなかには、本書の共著者である平野創も含まれる。

は、この臨海部再生事業は重化学工業集積を残しながら「環境」
を前面に押し出し、新しい産業競争力と都市の再構築を目指す
世界初の壮大なプロジェクトであると評価している。

　また、川崎臨海部はライフイノベーションの拠点ともなりつ
つある[55]。川崎市は殿町地区（羽田空港の南西、多摩川の対岸）に
存在したいすゞ自動車川崎工場の跡地を取得し、「キングスカ
イフロント」と呼ばれるオープンイノベーション拠点を設けた。
名称の由来は、「キング（KING）」が「Kawasaki INnovation
Gateway」の頭文字と「殿町」の地名、「スカイフロント」は、
羽田空港の目の前という立地やこのエリアが世界につながって
いることにあるという。2011 年には第 1 段階の中核施設とし
て「実中研　再生医療・新薬開発センター」が竣工し、その後
も大学・企業等の各種研究機関による立地が進んでいる。
2011 年 9 月に川崎市は神奈川県・横浜市とともに国に対して
「京浜臨海部ライフイノベーション国際戦略総合特区」を申請
し、同年 12 月に指定を受けた。殿町地区は国家戦略特区・特
定都市再生緊急整備地域の指定も受け、同地においては規制緩
和・財政支援・税制支援等の様々な優遇制度の活用可能となっ

54）産業・環境創造リエゾンセンターは、川崎市臨海部再生プログラムに携わっていた企業メンバー
　　及び川崎市幹部 OB 等の有志が集まり、「環境と産業の創造」をテーマとして設立された。コン
　　セプトは「産学公民」の連携であり、行政も参画できる NPO 法人を志向したという（産業・環境
　　創造リエゾンセンターホームページ「リエゾンセンターの紹介」http://www.lcie-npo.jp/info/
　　info02.html）。
55）キングスカイフロントに関する記述は、嶋村敏孝「動き出した京浜臨海部でのライフイノベーション」
　　川崎市総合企画局都市政策部『政策情報かわさき』第 27 号、2012 年、23 – 24 頁、キン
　　グスカイフロントホームページ「キングスカイフロントとは」https://www.king-skyfront.jp/
　　about/ を参照した。

ている。

（4）臨海部ビジョン [56)]

　日本国内を含め世界規模で大規模な社会経済環境が変化しつつあることを踏まえ、川崎市は 30 年後を見据え、臨海部の目指す将来像やその実現に向けた戦略、取り組みの方向性を示すため 2018 年 3 月に「臨海部ビジョン：川崎臨海部の目指す将来像」を取りまとめた。このビジョンの策定に際しては、現在直面している各課題に対する解決策を考えていく積み上げ方式ではなく、先に臨海部の目指す 30 年後の将来像・理想像を設定・共有し、その実現策を検討するバックキャスティングの手法が採用された。この手法を採用する理由は、積み上げ方式では大規模な社会変革に対応できず、結果として川崎臨海部が衰退する可能性を危惧したためである。

　このビジョンの特徴の一つとしては、川崎市役所のメンバーを中心に有識者、立地企業などを交え、有識者懇談会、意見交換、シンポジウム、ワークショップなどを複数回実施し、自らの手で丹念に策定していったことにある [57)]。2016 年 10 月に設置された臨海部ビジョン有識者懇談会においては、エネルギー、都市計画、産業、環境の 4 分野の有識者を委員に迎え、市長、副市長も含めて複数回の検討会議が実施された [58)]。こ

---

56) 本項は特記のない限り、川崎市『臨海部ビジョン』2018 年、1 – 3、6 – 10 頁を参照。30 年後の将来像については 28 頁、基本戦略については 39 – 51 頁、リーディングプロジェクトについては 52 – 66 頁を参照。

57) 策定の過程については、上原前掲論文 36 – 37 頁も参照。

58) 有識者のなかには、本書の共著者である橘川武郎も含まれる。

の有識者懇談会では 30 年後という不確定な未来について議論
するために自由闊達な意見交換が必要となることから通常の審
議会形式ではなく、円卓を囲み活発な議論を行う形が採用され
た。さらに有識者懇談会に加え、産業・環境創造リエゾンセン
ターとその会員企業約 20 社とともに臨海部の将来像や戦略・
取り組みの方向性について議論する研究会を 14 回開催し、そ
れを取りまとめて有識者懇談会に報告するといった取り組みも
見られた（各社の若手社員によるワークショップなども開催された）。
川崎市役所内においても国際戦略拠点形成推進本部会議、臨海
部ビジョン会議など関係部署による会議が多数開催されるとと
もに、臨海部に立地する企業の人々、専門家、京浜臨海部を構
成する近隣自治体、コンビナートを有する他の地方自治体など
に対して 152 件にわたるヒアリング・意見交換も実施された。

　こうして策定された臨海部ビジョンにおいては、川崎臨海部
が目指す「30 年後の将来像」が以下のように提示された[59]。(1) 成
熟社会における豊かさを実現する産業が躍動し、革新的な技術、
製品、サービスが生まれる知性と創造性のあふれる地域として、
新しい価値を生み出し続けている、(2)「働く・暮らす・学ぶ」
が一体となった受容性に富む地域として、多様な人材や文化が
共鳴し、働く人や市民の誇りとなっている。

　さらに「30 年後の将来像」を実現するために、今後取り組む
べき方向性を分野別に示す九つの基本戦略が以下のように設定
された（**図Ⅱ－2** 参照）。(1) 次世代の柱となる新産業の創出、(2)

59）川崎市前掲資料、28 頁。

出所：川崎市『臨海部ビジョン』2018 年

図Ⅱ－2 基本戦略とその関係性

コンビナートを形成する基幹産業の高機能化、(3) 世界最高レベルの最適なエネルギー環境の構築、(4) 暮らしと産業を支える港湾機能の強化、(5) 世界に誇れる人材の育成・交流、(6) 働きやすく暮らしやすい生活環境の向上、(7) 市民が誇れる開かれた臨海部づくり、(8) 強靭な地域を実現する災害対応力の強化、(9) 臨海部の発展を支える交通機能の強化。基本戦略2にあるように、コンビナートの役割は極めて重要視されている。そして、各基本戦略ごとに、現状と課題、目指すシナリオ、現在有している地域資源が検討され、戦略的アプローチに関するも記述もなされている。

　臨海部ビジョンは階層的に構築されており、基本戦略に基づいて直近10年以内に先導的・モデル的に取り組む具体的なプ

ロジェクトとして、以下のような13のリーディングプロジェクトも設定された。(1) 新産業拠点形成プロジェクト、(2) 資産活用・投資促進プロジェクト、(3) 水素エネルギー利用促進プロジェクト、(4) 低炭素型インダストリーエリア構築プロジェクト、(5) 港湾物流機能強化プロジェクト、(6) 臨海空間を活かした地域活性化プロジェクト、(7) 世界に誇れる人材育成プロジェクト、(8) 働きたい環境づくりプロジェクト、(9) 緑地創出プロジェクト、(10) 職住近接促進プロジェクト、(11) 企業活動見える化プロジェクト、(12) 災害対応力向上プロジェクト、(13) 交通機能強化プロジェクト。各リーディングプロジェクトに関して、現状と課題を整理したのちに、具体的な達成目標と取り組み内容も設定された。

（5）川崎コンビナートの今後

川崎市は「臨海部ビジョン」の策定にもみられるように、コンビナートの競争力強化に積極的に取り組んでいる。その進捗に関しては、有識者に加えて市長・副市長、臨海部国際戦略本部の職員を委員として新たに設置された「臨海部ビジョン推進懇談会 60)」と前述の「川崎市臨海部活性化推進協議会」において報告され、推進懇談会においては今後の取り組みの方向性に関する議論も行われている。さらに、これらの会議ではすべてのリーディングプロジェクトに関する進捗状況や今後の対応についての詳細な報告がなされている。以下ではこれらの一部を紹介したい。

---

60) 有識者のなかには、本書の共著者である橘川武郎も含まれる。

　2020 年度から川崎市では工場の緑地整備に関して、敷地外に整備することを可能とする新制度を導入した[61]。従来、工場立地法に基づく緑地は原則として工場敷地内に整備することが求められていた。しかし、川崎のような旧来からの工業地域では、設備投資・更新を行いたくともすでに敷地内に余地はなく、用地の新規取得も困難な状態にあった。このため、緑地整備の規定がさらなる設備投資やスクラップ＆ビルドの促進を妨げる要因ともなっていた。この問題を解決するために川崎市では市域全体を対象に「川崎市における敷地外緑地等に関する基準」を定めることで工場敷地外での緑地等の整備を可能にし、さらに臨海部を対象として「臨海部における共通緑地ガイドライン」を示し、臨海部に立地する企業が連携し各社の敷地外緑地を集約したうえで、それを工業専用地域外に整備することを認めた（図Ⅱ－3 参照）。この制度は、臨海部の企業が既存の工場用地を有効活用することとともに、市民がこれまで利用することができなかった工場の緑地を身近なオープンスペースと使用することを可能とする画期的なものである。

　また、留分の融通などのハード面ではなく、ソフト面での企業間連携の取り組みも進めている[62]。一例として、企業送迎バスの共同運行の検討がある。川崎臨海部に位置する工場は、主要駅である川崎駅から 5〜10km ほど離れ、多くの通勤者が路線バスや企業送迎バスを利用しているが、ピーク時におけ

61）川崎市「工場の緑地整備に関する新たな制度ができました」（報道発表資料）2020 年を参照。
62）令和元年度第 2 回川崎臨海部活性化推進協議会配布資料（2020 年 3 月 27 日）を参照。

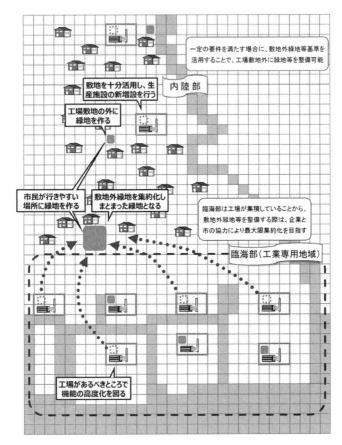

出所：川崎市「工場の緑地整備に関する新たな制度ができました」（報道発表資料）2020 年

図Ⅱ－3　新たな制度による緑地整備のイメージ

る駅前広場やバス車内の混雑、所要時間の長さが問題視されている。そこで川崎市では連接バスの導入や直行便の運行などを

検討するとともに、東扇島・浮島地区に関しては企業送迎バスの共同運行化の検討を進めている。

　また、各社が直面している技能人材や研究開発人材の育成といった課題に臨海部全体で取り組むことを目標として、企業の枠を超えた「共通講座」の開設を目指し、先行的に実証講座も開催された。2019 年度は、(1) 製造現場の安全管理講座、(2) 技能職員のマネジメント能力の向上講座、(3) AI・IoT を活用した製造現場の高度化・技能伝承の促進講座が開設された。参加者の満足度も高く、共通講座の実現を目指しさらなる検討が続けられている。

　川崎臨海部の個社の動きの中で興味深い事例としては、味の素の川崎事業所における在宅勤務へ向けた取り組みが挙げられる[63]。工場の生産現場は、生産が絶え間なく続くために在宅勤務は困難と考えられていたが、現場でしか行えない業務と現場以外でも行える業務を切り分けることによって在宅勤務を導入しつつある。在庫や原料などの棚卸し作業を例にとれば、月末に在庫を確認するのは工場でなければいけないが、システムに数量を入力するのは自宅でも可能である。週報や月報、作業マニュアルの作成など現場外でも行える作業を洗い出し、生産現場における在宅勤務を可能としたのである。また、シフトや担当に縛られているとトラブル時などに一部の人に負担が偏り、残業などにつながることから課員のマルチスキル化も進め

63) 味の素の取り組みについては、「第 3 部先進企業は今 (4) 味の素−工場でも在宅勤務、引き継ぎ録音、24 時間 3 交代実現（働き方探検隊）終」『日経産業新聞』2018 年 9 月 28 日付、3 面を参照。

た。これにより複数の人が勤務している時間帯であれば、監視業務などを任せれば一部の人は早く帰宅することも可能になったという。味の素ではこうした労働時間の削減と並行して、残業削減で減った分の給与をカバーするために 2017 年 4 月には従業員の月額給与を一律 1 万円引き上げ待遇改善も進めている。

　上述のように、日本でも最も古いコンビナートの一つである川崎において、今なおコンビナートの革新が続きつつある。川崎市では臨海部の活性化に向けて多くの施策がとられており、それらの中には他のコンビナートにも展開可能な施策も多いと考えられる。

第6章
四日市

（1）四日市コンビナートの歴史と概要

　表Ⅱ－5は四日市コンビナートの歴史をまとめたものである。**表Ⅱ－5**には、主要な製造業・エネルギー企業の事業所の開設時期（四日市コンビナート先進化検討会に参加している企業を対象とした）と四日市市のコンビナートに対する施策がまとめられている。四日市市は第二次世界大戦前より重化学工業の誘致を進め第二海軍燃料廠も置かれた。戦後になると燃料廠跡などに多くの石油・石油化学企業が進出し、工業地域として大きく発展した。その中で四日市ぜんそくを含む大気汚染や水質汚濁といった公害も発生した。四日市市は 1970 年に公害防止計画を策定し、同計画は 2010 年まで 8 期にわたり継続し、官民合わせて 9,837 億円が投じられて環境改善が進められた[64]。その結果、喘息の主たる原因とされる亜硫酸ガスの濃度が大きく低減するなどの効果が見られた。

　四日市コンビナートは南側から開発された順に第 1 コンビナート、第 2 コンビナート、第 3 コンビナートと呼ばれている[65]。各コンビナートの中核的な事業所としては、第 1 コンビナー

64）四日市市環境部・四日市公害と環境未来館『四日市公害のあらまし』2019 年、17 頁。

65）四日市臨海部産業活性化推進協議会ホームページ「四日市臨海部のご紹介」。http://y-rinkai.jp/introduction.html。

表Ⅱ－5　四日市コンビナートの歴史 (1/2)

年	事　項
1939	第一工業製薬、四日市工場を新設
1941	第二海軍燃料廠、操業を開始
	石原産業、四日市に銅製錬所、硫酸工場を完成させる
1943	大協石油 (現在のコスモ石油)、四日市製油所操業開始
1952	三菱モンサント化成 (現在の三菱ケミカル)、四日市工場操業開始
1953	三菱化成 (現在の三菱ケミカル) が東邦化学工業を合併し、同社四日市工場を三菱化成四日市工場とする
1955	海軍燃料廠跡地の昭和石油と三菱グループへの払下げを閣議で決定
	中部電力、三重火力発電所運転開始
1956	塩浜地区に第一石油コンビナート形成される
1958	昭和四日市石油、四日市製油所操業開始 (翌年から全面操業)
1959	三菱油化 (現在の三菱ケミカル)、四日市工場操業開始【第1コンビナートの稼動】
1960	日本合成ゴム (現在のJSR)、四日市工場操業開始
	この頃から公害問題 (大気汚染など) が発生
1961	午起地先水面の埋立工事完了
1963	大協石油 (現在のコスモ石油)、午起製油所操業開始【第2コンビナートの稼動】
	大協和石油化学 (現在の東ソー、KHネオケム) 操業開始
	三菱江戸川化学 (現在の三菱ガス化学)、四日市工場操業開始
	味の素、東海工場竣工
	中部電力、四日市火力発電所運転開始
1965	四日市市単独による健康被害者救済制度を発足
1966	協和油化設立 (大協和石油化学の誘導品部門が分離)
1967	霞ケ浦地先埋立 (第三石油化学コンビナート) 起工
	高純度シリコン (現在の三菱マテリアル)、四日市工場操業開始
1968	日本アエロジル、四日市工場操業開始
1970	霞ケ浦埋立完成 (面積127ha)
	「四日市地域公害防止計画」の策定
1971	東洋曹達 (現在の東ソー)、四日市工場操業開始

表Ⅱ－5　四日市コンビナートの歴史 (2/2)

年	事　項
1972	新大協和石油化学（現在の東ソー）、操業開始【第3コンビナートの稼動】
	四日市公害裁判に判決、原告全面勝訴
1974	大日本インキ化学工業（現在のDIC）、四日市工場操業開始
1989	中部電力、三重火力発電所運転終了
1990	東ソーが新大協和石油化学を吸収合併
	東邦ガス、四日市工場操業開始
1994	三菱化成と三菱油化が合併し、三菱化学（現在の三菱ケミカル）となる
1998	四日市商工会議所、「企業立地環境の改善に関する提言」を発表
1999	四日市市議会に産業構造再構築特別委員会が設置される
2000	四日市市、企業立地促進条例制定
2001	三菱化学、四日市におけるエチレン生産を停止
	「四日市市臨海部工業地帯再生プログラム検討会」発足
2003	「技術集積活用型産業再生特区」認定
2004	協和油化が協和発酵工業の化学品部門と統合し、協和発酵ケミカルへ社名変更
2006	三重県・四日市市、「四日市コンビナートの構造転換に向けたアクションプログラム」を発表
2007	三菱マテリアルが三菱ポリシリコン（旧 高純度シリコン）を吸収合併
2012	協和発酵ケミカルがKHネオケムへ社名変更
2018	四日市市、「四日市コンビナート先進化検討会」を設置
	四日市市、「四日市コンビナート先進化検討会報告書」を発表

出所：水口（1999）、鹿嶋（2004）、四日市市「沿革、四日市の歴史（年表）」(https://www.city.yokkaichi.lg.jp/www/contents/1001000000141/index.html#14)、四日市港湾事務所「みなとの歴史と文化」(http://www.yokkaichi.pa.cbr.mlit.go.jp/1/10/)、四日市港湾事務所「みなとの歴史と文化」(http://www.yokkaichi.pa.cbr.mlit.go.jp/1/10/)、各社ホームページ、『日本経済新聞』各紙面より筆者作成

トには、味の素、石原産業、JSR、昭和四日市石油、三菱ケミカル、三菱ガス化学、三菱マテリアルポリシリコン、パナソニック電工などがある。第2コンビナートには、KHネオケム、

コスモ石油、中部電力 (現在の JERA)、第 3 コンビナートには
DIC、東ソー、東邦ガス、丸善石油化学などが立地するととも
に中部電力の LPG 基地なども存在している。また、工業統計
調査によれば 2017 年の四日市市における製造品出荷額等は 3
兆 584 億円、粗付加価値額は 1 兆 1,923 億円である。第Ⅰ部
で述べたように直近 12 年間 (2006〜2017 年) に四日市市の出
荷額と付加価値額は両者とも大幅に増加している。

(2) 四日市コンビナートの造成と四日市市

四日市には戦前から各種工業の生産拠点が立地していた。四
日市の近代工業は、明治期に三重紡績が誕生したことにより始
まった。1930 年代に造成された第 2 号埋め立て地に日本板硝
子の四日市工場が進出し、これを契機に四日市市は重化学工場
の誘致を積極的に進め、1939〜44 年にかけて東邦重工業、第
二海軍燃料廠、石原産業、大協石油、富士電機製造などが相次
いで四日市に進出した[66]。

コンビナートが形成されるに至った契機としては、四日市に
海軍燃料廠が置かれたことが大きい[67]。太平洋沿岸に燃料の
生産・備蓄基地である燃料廠を建設することが急務となってい
た海軍は、1938 年に四日市の塩浜地区を建設地に定めた。こ
の決定の背景には、地元有力者や進出企業が設立した四日市築
港という開発会社が工業用地としてすでに塩浜地区の用地買収

---

66) 青木英一「四日市における工業の地域的展開」『地理学評論』第 43 巻第 9 号、1970 年、
　　550 - 552 頁を参照。
67) 以下、第 1 コンビナート形成までの経緯は、平井岳哉『戦後型企業集団の経営史』日本経済
　　評論社、2013 年、149 - 184 頁を参照。

を進めており、まとまった用地が存在したことがある。1939
年から燃料廠の建設が始まり、1941 年には原油処理設備が完
成し操業が開始された。

第二次世界大戦後、燃料廠跡は広大な敷地と利用可能な残存
設備を有するため、石油・石油化学事業を行う候補地として払
い下げを望む企業が多く[68]、その選定は難航した。一度は国内
の石油精製企業大手 8 社による新会社が払い下げを受け、石油
事業を行うという方針が 1953 年に閣議決定されるも、1955 年
に同計画は白紙撤回された。最終的に政府は、四日市の旧海軍
燃料廠を昭和石油に払い下げ、精製工場として活用し、将来は
三菱化成、三菱石油石油、東海硫安など三菱系グループにより
石油化学工業の中心地とすることを決定した。

四日市における石油・石油化学事業を担う企業として、1957
年に昭和四日市石油（昭和石油と三菱化成など三菱グループとの合
弁、のちにシェルも出資）と 1956 年に三菱油化（三菱化成など三
菱系企業の共同出資）が設立され、前者は 1958 年、後者は 1959 年
に操業を開始した。三菱油化の四日市工場は、通産省によって
認可された石油化学第 1 期計画の一翼を担うものであった。
同計画において石油化学工業の根幹となるエチレン製造を行う
ことが認められたのは、三菱油化に加え、三井石油化学（現在
の三井化学）、住友化学、日本石油化学（現在の ENEOS）の 4 社
のみであった。昭和四日市石油と三菱油化以外にも複数の企業

---

68) 主要な企業としては、三菱石油、出光興産、昭和石油、大協石油、帝国石油、東亜石油、
東亜燃料工業、日本鉱業、日本石油、丸善石油などが払い下げを希望した。

が燃料廠跡地の払い下げを受け、第1コンビナートが形成された。例えば、大協石油と東亜石油は燃料廠北東部の一部を油槽所とし、中部電力は昭和四日市石油の南東部分の用地に三重火力発電所を建設した。

　第2コンビナートは、大協石油（現在のコスモ石油）の牛起製油所、大協和石油化学（現在の東ソー）のエチレン製造設備の操業開始により本格稼働した[69]。大協石油はすでに1943年には四日市市大協町にて製油所の操業を開始しており、近接する牛起地区の埋立を1957年から始め、1963年から新製油所を稼働させた。一方で協和発酵は同社の宇部工場にエチレン製造設備を建設することを検討していたものの、原料であるナフサを遠方から輸送する必要性や消費地からも遠いことなどの理由から大協石油の新製油所が建設されている四日市市の牛起地区に進出することを決めた。1961年に協和発酵60％、大協石油40％の共同出資によって大協和石油化学が設立され、1963年に操業を開始した。

　第3コンビナートの形成に際しては、用地の造成が難航したものの、1972年に中核となる工場である大協和石油化学（新大協和石油化学[70]）の新鋭のエチレン製造設備が稼働を開始した[71]。

69）第2コンビナートに関する記述は、水口和寿『日本における石化コンビナートの展開』愛媛大学法文学部総合政策学科、1999年、83 – 85頁を参照した。

70）新鋭のエチレン年産30万トン設備の建設時に、これを担う企業として、新大協和石油化学が設立され、1971年に同社と大協和石油化学は合併した。新大協和石油化学の出資比率は、大協石油25％、協和発酵20％、東洋曹達20％、大日本インキ15％、日本興業銀行10％、日立化成5％、鉄興社5％であった（石油化学工業協会編『石油化学工業20年史』1981年、186 – 187頁）。その後、東洋曹達が出資比率を高め、1990年に同社が新大協和石油化学を吸収合併して現在に至る。

第3コンビナートの埋立、造成を行う時期にはすでに四日市において公害が発生しており、1966年秋から1967年にかけて地元住民による激しいコンビナート反対運動が展開された。しかし、四日市市による説得や公害防止協定の締結などにより反対運動は沈静化していった。埋立事業は三重県と四日市市によって1966年に設立された「四日市港開発事業団」が事業主体となり、1970年に第1期工事が完了した。1978年には隣接する霞ケ浦2区の埋め立て工事が完了し、新大協和石油化学、東洋曹達（現在の東ソー）、大日本インキ化学（現在のDIC）、大協石油と公用地に割り振られた。

（3）四日市市の産業政策のあゆみ [72]

1990年代に入ると四日市市の法人市民税が減少する中で、コンビナートの重要性が再認識されるに至った。四日市市の法人市民税は、**図Ⅱ-4**に示されるように1989年に104億円を記録したのち、2001年には52億円となり、ほぼ半減するに至った（現在は約65億円まで回復している [73]）。減少した52億円のうち約30億円はコンビナートに関連するものであったという。しかし、固定資産税および都市計画税収入も考慮するとコンビナート企業からの税額はピーク時の1989年には及ばないものの比較的安定していた（**図Ⅱ-5**参照）。こうした状況を受けて四日市市では行財政改革を実施するとともに、長期的な

71）第3コンビナートに関する記述は、水口前掲書188-194頁を参照。
72）本項の記述は、特記のない限り鹿嶋洋「四日市地域における石油化学コンビナートの再編と地域産業政策」『経済地理学年報』第50巻、2004年、29-33頁に基づいている。
73）2017年度の法人市民税調定額。四日市市『平成30年度版　税務概要』2018年、38頁。

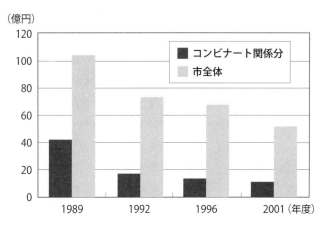

出所：鹿嶋（2004）

図Ⅱ－4　四日市市における法人市民税の推移

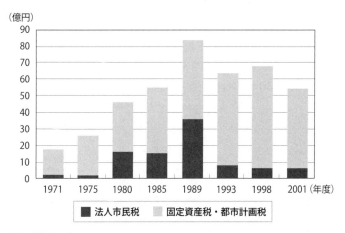

出所：鹿嶋（2004）

図Ⅱ－5　コンビナート企業からの四日市市税収入の推移

税収増加策としてコンビナート企業の持続的な操業確保を目指した産業政策の展開に取り組むようになった。

　1998 年に四日市商工会議所は、コンビナートで操業する事業所 29 社に対して、生産活動における問題点・課題、行政への要望等に関するアンケート調査を実施し、「企業立地環境の改善に関する提言」をまとめた。この調査により、各種規制が新たなプラント設置の障害となっていることが分かった。その上で課題として (1) 用地の確保と法的規制の緩和、(2) 交通インフラの整備、(3) 行政の対応の三つを指摘し、のちの構造改革特区の推進の際にこれらの要望が反映されることになった。

　また、四日市市においても市議会に産業構造再構築調査特別委員会が設置され、既存企業による新規設備投資を促進するための提言がなされ、2001 年に四日市市企業立地促進条例が制定された。同条例は、新規設備投資にかかる固定資産税・都市計画税の 2 分の 1 相当額を 3 年間交付するものであり、新規の進出のみならず既存企業による設備更新等も対象とした。この条例の制定もあり、2003 年 12 月末までに 22 社 43 事業所が同制度を利用し、727 億円の投資が四日市市においてなされた。

　さらに、地元の産業界、行政、大学等が連携してコンビナートの再活性化を図るため、2001 年 5 月に四日市臨海工業地帯再生プログラム検討会も発足し、同検討会には規制緩和を検討する操業環境関連部会とインフラ整備を検討する産業基盤関連部会が設けられ、議論が深められた。2002 年度には三重県、四日市市、四日市港管理組合、臨海部産業界代表 3 社、三重

県内に本社を置く銀行 3 行の 19 名で構成する「地域再生特区共同プロジェクトグループ」も設置され、高付加価値素材産業や新たな産業分野への構造転換を目指した戦略的なプランづくりが開始された[74]。

また、三重県は 2003 年に「技術集積型産業再生特区」を国に対して申請し、その認定を受けた[75]。この特区の対象地域は四日市市、川越町および楠木町の全域であり、(1) 従来型の基礎素材産業から高付加価値素材産業への脱皮、(2) 三重県北部に広がる先端産業集積との連携による新たな産業の展開が目指された。

コンビナートに関係する規制緩和としては、石油コンビナート施設のレイアウト規制の緩和が行われた。1975 年に「石油コンビナート等災害防止法」が制定されたが、四日市のような法令制定以前に誕生したコンビナートはこの規制を必ずしも満たしておらず既存不適格のような状態となっていた。それが高付加価値素材を製造する生産設備の新設や最新式の生産設備へのスクラップ・アンド・ビルドを妨げる要因となっていた。これを解消するために、「石油コンビナート等特別防災区域内事業所の多様な安全確保措置による施設配置等事業」の実施（代替的安全措置を講じることによる特例措置）や「主たる施設以外の施設は 500 平米（m²）までとする施設の混在規制の特例」を適用することにより、工場敷地の有効活用を可能とした。規制緩和

---

74) 三重県「構造改革特別区域計画」2003 年、2 頁
75) 技術集積型産業再生特区に関しては、三重県前掲資料 3 - 7 頁を参照。

の結果として、昭和四日市石油は 200 億円を見込んでいた低硫黄ガソリン製造用脱硫設備建設に要する投資額を約 30 億円節約することが可能となったといった効果が見られた[76]。

　また地元自治体による法整備も進み、例えば工場立地法地域準則を県条例で制定し、本来は工場用地の 20%以上を緑地とすべきところ、既存の工場に関してはこれを 15%に緩和した。四日市市も新規事業展開を促進するために、2003 年度に民間研究所立地奨励制度、燃料電池実証試験補助制度を導入するなどした。

（4）四日市コンビナート先進化検討会 [77]

　四日市コンビナートでは、2018 年に「四日市コンビナート先進化検討会」が設置されるなど、コンビナートの競争力強化に向けた動きが活発化してきている。検討会のホームページには、四日市地域での取り組みが詳細に記述されており、コンビナートの競争力強化を考えるに際して様々な示唆を与えてくれる。

　検討会の目的は、「四日市コンビナートを取り巻く事業環境の変化に対して、企業の枠を超えて地域の知恵や革新的な技術を結集する」ことにあり、基本目標として (1) 国際競争力の強化（石油化学と石油精製との連携・統合運営の取り組み、需要および原料に対する柔軟性の確保、用役や共通インフラ部門の共有化等へ

76）鹿嶋前掲論文、33 頁。
77）四日市における近年の競争力強化に向けた取り組みは、四日市コンビナート先進化検討会「平成 30 年度　四日市コンビナート先進化検討会報告書」2019 年および四日市コンビナート先進化検討会のホームページ（http://www.yokkaichikonbinato-senshinka.jp/）を参照した。

の取り組み）、(2)新規技術の活用による安心・安全の確保（IoT、ビックデータ等新技術を用いたプラントの保守・点検の導入、地域の中での操業に関する情報共有と交流）、(3) 有能な技術者を育成する教育（地域内での横断的な人材育成の仕組みの構築の推進、新技術を活用できる人材の育成）、(4)地球環境負荷の低減（CO_2 フリーエネルギーを用いた既存設備の活用可能性等）が提示されている。

　検討会における議論に先立ち立地企業へアンケートを実施したところ、検討テーマを「企業間連携」と「規制の合理化」に集約できることがわかり、それぞれに関して「企業間連携関連部会」と「規制合理化関連部会」を設置し議論を深めた。2018 年 8 月から翌 2019 年 3 月までに検討会（親会）が 3 回、企業間連携関連部会が 5 回、規制合理化関連部会が 6 回開催され、2019 年 3 月には検討会の目的や具体的検討事項、それらの途中経過、今後の方向性に関して取りまとめた「平成 30 年度　四日市コンビナート先進化検討会報告書」も公表された。報告書の取りまとめ後も、検討会と規制合理化関連部会の活動は現在まで定期的に続けられている。なお、検討会の委員構成は、学識経験者[78]、立地企業（味の素、石原産業、JSR、昭和四日市石油、日本アエロジル、三菱ガス化学、三菱ケミカル、三菱マテリアル、ＫＨネオケム、コスモ石油、JERA、第一工業製薬、DIC、東ソー、東邦ガス）、関係行政（経済産業省中部経済産業局、中部近畿産業保安監督部、三重県）と事務局の四日市市である。

---

[78]座長は三重大学大学院工学研究科の浦山益郎教授が務めていた。2020 年 8 月からは、本書の共著者である平野創が会長として加わった。

　企業間連携関連部会においては、(1) 製品、原料、余剰品の融通、(2) 教育訓練の 2 点について連携の可能性が検討された。製品等の融通については、トルエン、キシレン、水素、炭酸ガス、スチーム、原油精製、SS - C4、S - C9、苛性ソーダに関する融通の検討を行い、SS - C4、S - C9、苛性ソーダが検討終了となったもののそれ以外に関しては引き続き調整や連携の維持を行うことになった。大型ユーティリティーの共同設備投資や共同利用等については検討したものの現時点では投資に見合うニーズが出なかった。また、教育訓練に関しては、①教育訓練の情報共有化：四日市コンビナート地域防災協会が実施する教育訓練の情報共有、各社が保有する教育訓練施設の一覧を共有、②化学・プロセス産業人材育成事業の継続実施[79]、③プラント運転・保安 IoT 人材育成講座[80] の開設等を行った。企業間連携関連部会の活動によって、コンビナート企業が連携・融通等に関して意見交換できるプラットフォームが形成できたという。

　規制合理化関連部会においては、(1) 新方式活用スマート化、(2) 環境規制のスマート化、(3) 産廃処理のスマート化の可能性について検討された[81]。新方式活用スマート化は、ドロー

---

[79] 四日市市の委託事業である高度部材イノベーションセンター（AMIC）による人材育成事業の情報提供、意見交換を実施した。A コース「化学工学理論や化学工業に関わる法規則などの座学講座」（11 日間、1 万円／人）、B コース「三菱ケミカルおよび JSR の教育訓練施設を利用した運転体験学習」（7 日間、1 万円／人）が行われた。

[80] プラント運転・保安 IoT 人財育成講座（経済産業省が日本能率協会に委託して実施している IoT 人材育成講座を招致）が 2019 年 2 月 19・20 日、IoT・AI に関する勉強会が同年 10 月 18 日に開催された。

ン等新技術の活用と IoT 等新技術の活用（非防爆機器の活用）からなる。

　新方式活用スマート化のうち、ドローンの活用に関しては、開放点検中の原油タンク上空をはじめとする 6 社の敷地内で四日市市消防本部所有のドローンを飛行させ検証を行うとともに、消防本部が危険物エリアでの飛行も想定した「コンビナート事業所におけるドローンの運用ガイドライン」を作成した。さらに JSR も自社のドローンで危険物施設上空の飛行検証を実施し、通常画像を撮影するとともに表面温度を可視化できる赤外線カメラも用いて設備を撮影した。非防爆機器の活用に関しても四日市市消防本部が「製造所等における非防爆携帯型電子機器使用に係るガイドライン」を作成し、それに従い各社が予防規定の変更などを実施し、順次非防爆携帯型電子機器の持ち込みを進めているという。

　環境規制のスマート化に関しては、①工場立地法における緑地面積率の見直しについては、市準則条例の制定により工業地域・工業専用地域において緑地面積率 10％以上、環境面積率 15％以上へ割合が見直され、②市との公害防止協定における運用細則の充実については、市環境保全課との定期的な意見交換を実施し、見直しに向けて継続して活動していくことになり、③土壌汚染対策法及び県条例の整理（現在の法規で明確化されているが公知でない、また根拠が論理的でないものを妥当な値に修正、

81）本段落以降のスマート化に関する内容は、四日市コンビナート先進化検討会「四日市コンビナート先進化検討会　活動概要（2020 年 4 月）」2020 年（https://www.yokkaichikonbinato-senshinka.jp/pdf/result_01.pdf）を引用したものである。詳しくは原資料を参照されたし。

つまりスマート化する）については、具体的なメリットが見出せ
なかったため活動を凍結したという。

　産廃処理のスマート化は、県条例規則で規定されている産業
廃棄物処理場・業者の現地確認に関し、各企業が実施している
監査内容・保証項目を見える化・共有することにより、各社個
別の現地確認を廃止し業務効率化（スマート化）を図ることを目
指している。四日市地域環境対策協議会に産廃特別部会を立ち
上げ、産業廃棄物の排出者責任を担保するためのルール作りを
開始した。ルール策定後に三重県廃棄物対策局と協議し、現地
確認の共有化についての了承を得ることを計画しているという。

（5）四日市コンビナートの今後

　四日市においては、複数の企業がドローンや非防爆機器の活
用に取り組み、その情報を共有しており、新しい保安・保全の
技術が速やかに地域内で蓄積され、全国展開への礎となる可能
性を秘めている。四日市コンビナート先進化検討会のホーム
ページにも各社による取り組み内容や新技術活用のメリット・
課題点などが詳細に記載されている。例えば、ドローンの活用
に関する各社の実績をまとめた**表Ⅱ－6**からは、迅速な状態
確認、高所の設備点検の容易化・高頻度化・コスト削減、高所
作業のリスク低減などが見込まれる一方で、パイロットの育成
や気象条件、画像解析技術の向上等の課題があることがわかる。

　また、四日市地域には、石油・石油化学連携にもまだ追求の
余地があるように思われる。四日市においては、各社がそれぞ
れ自社内に限られた形で競争力強化を志向してきた歴史があっ
た[82]。そうした中でこの地域において初めて見られた連携によ

表Ⅱ－6　ドローン活用の

企業名	飛行エリア	目的（今回の飛行目的、将来目標）	
JSR	・JSR四日市工場内動力プラント配管ラック（非危険物エリア）	・工場の配管、棟、槽の高所での機器状態管理（将来予定） ・場内パトロール（将来予定）	
	・高圧ガス・危険物製造プラント（稼働中）	・非危険エリア飛行（道路上）では死角となる箇所へのアプローチ ・安全飛行技術の確立 ・通信障害（電波障害や磁性影響）の問題確認	
JERA	・非危険物エリア	・災害時の構内被害状況の早期確認 ・足場が必要な高所設備状況の確認（煙突、建屋の屋根等） ・発電設備の巡回（予め点検する位置や高度を設定して巡回させ、ドローン回収後に動画もしくは静止画にて異常の有無を確認する）	
東ソー	・危険物・屋外タンク貯蔵所／ナフサタンク（2種危険場所）	・外観点検	
石原産業	・休止設備（スレート鉄骨建屋）	・風・建物が飛行に与える影響調査	
第一工業製薬	・千歳工場　ボイラー施設、危険物製造プラント（停止中） ・霞工場　　製品倉庫、危険物製造プラント（稼働中）	・建屋の屋根、ベンチレーター等の腐食状況確認 ・ドローンでの撮影品質、活用性の検証	

出所：四日市コンビナート先進化検討会ホームページ「ドローン活用実績」
　　　（https://www.yokkaichikonbinato-senshinka.jp/result/drone.html）より筆者作成

取り組み、メリット、課題点

	活用メリット	課題点
	・人が容易に近づけない高所の迅速な状態確認 ・足場不要となるコストダウン	・工場における通信障害の確認 ・ドローン画像の解析技術向上
	・高所の設備点検の容易化 ・点検頻度向上による設備管理強化 ・非危険エリア飛行では死角となる箇所の点検	
	・災害時に構内被害状況を早期に情報収集が可能 ・設備点検（特に高所） ・設備巡視（決められたルートの自動撮影等）	・ドローンの飛行条件が厳しい（強風時と雨天時は飛行不可） ・パイロットを養成しても転勤等で不足している。 ・ドローンが故障するとパイロット養成に支障がある
	・高所作業の削減（コスト削減、点検時間短縮、転落リスク低減） ・高所の塗装・保温材の目視点検代替の可能性 ・30倍望遠カメラでは、安全場所からの遠方撮影可能（但し、方向限定）	・飛行可能な気象条件の制約（風速、雨） ・逆光による陰影が目視確認の支障となる
	・設備点検の効率化が図られる	
	・高所の設備点検の容易化 ・足場設置の費用削減	

る競争力強化の取り組みは、昭和四日市石油と三菱化学（現在の三菱ケミカル）との間で実施された「コンビナート重油分解最適連携事業」（2011〜2013年度）であった。この事業はRINGⅠ〜Ⅲに引き続いて実施された「コンビナート連携事業」（2009〜2013年度）の一環であった。その後、コスモ石油と昭和四日市石油との間で2017年3月末より事業提携も始まった。しかしながら、四日市で唯一のエチレンセンターである東ソーは、自社単独で次々と設備投資を進め積極的に競争力強化へ取り組んでいるものの、依然としてRING事業のような他企業との連携は行っていない。この点に四日市地区におけるさらなる連携促進と競争力強化の可能性があるものと考えている。

82）これらに関しては、稲葉和也・平野創・橘川武郎『コンビナート新時代』化学工業日報社、2018年、213 – 216頁を参照。

第7章
堺・泉北

（1）堺泉北コンビナートへの企業進出

　堺臨海地区の埋立工事は 1936 年の室戸台風の被害調査を受けて、その復興対策を計画する過程で立案された。しかし、第二次世界大戦の激化により一旦は中止された。戦後、大阪府が港湾管理者となり、1958 年から臨海部の埋立が再開されて工事が行われ、1972 年に完工した。埋立最前面の水深は－8 m で、工業用水の給水量は日量 46 万トンである。埋立面積の 87％が工場用地として分譲され、7％が道路港湾施設に、4％が公共緑地公園として整備され、総事業費は 1,050 億円だった[83]。

　堺市と高石市に跨がる臨海埋立地への企業進出には大阪府が大きく関与した。大阪府は埋立・造成に着手した後、その場所に重化学工業の企業誘致を図った。堺臨海工業地帯に最初に進出してきたのは八幡製鉄（現在の日本製鉄）であった。その八幡製鉄の堺進出を契機にして、進出を希望する企業が相次ぎ、石油化学関係では 1960 年 4 月に三井東圧グループが希望し、堺第 5・6 区の分譲申請を行った。また、同年 8 月には住友化学、9 月には三和銀行（現在の三菱 UFJ 銀行）グループを中心に組織された関西経済開発連合が分譲申請した。同連合の結成は造成

83）大阪府『堺泉北臨海コンビナートの概要』、2014 年 12 月参照。

表Ⅱ－7　堺泉北コンビナートの歴史

年	事項
1958	堺泉北臨海工業地帯の造成着工
1966	高石市発足
1969	堺港と泉北港の統合（堺泉北港）
1992	大阪湾臨海地域整備計画の策定
2003	堺泉北地区でRINGによる「冷熱副生ガス総合利用最適化技術開発」を開始
2004	民間企業9社（三井化学、関西電力、宇部興産など）と大阪府、堺市、高石市が「堺・泉北臨海企業連絡会」を結成
2006	堺市政令指定都市に移行
	南高砂に5万トン級船舶が利用可能な多目的国際ターミナル完成
	「堺・泉北ベイエリア新産業創生プログラム」の作成
2007	高石市企業立地等促進条例制定
2009	関西電力が堺港発電所（出力200万kw）の設備更新、大阪ガスが泉北天然ガス発電所（出力110万kw）の運転開始

出所：堺市ホームページ「堺市プロフィール　堺歴史年表」https://www.city.sakai.lg.jp/shisei/gaiyo/profile/rekishi.html、大阪府高石市市制施行50年記念誌『ともにあゆんだ50年　高石　輝』、2016年等より作成。

地の割当確保のための組織作りにあった。同連合の結成準備会に参加したのは宇部興産、大阪曹達（現在の大阪ソーダ）、大津ゴム（現在の住友ゴム工業、後に脱退）、新日本窒素（現在のJNC）、積水化学、帝人、東洋ゴム工業（現在のTOYO TIRE）、日綿実業（現在の双日）、日本通運、日立造船、丸善石油、丸善石油化学の12社であった。しかし、1961年3月に住友化学が分譲申請を取り下げた結果、三井東圧グループと関西経済開発連合の間で進出の順番を巡って争いが起こった。そこで、大阪府は両グループの対立を抑えるために堺地区に隣接する泉北

地区の埋立を追加決定した。泉北地区の埋立完了時期を堺第 7
区の埋立完了時期と一致させることを大阪府は約束した上で、
堺第 5・6・7 区を関西経済開発連合に分譲し、泉北地区を三
井東圧グループに分譲することで両者の顔を立てたのである。

　1964 年 9 月に、通産省は「大阪地区における石油コンビナー
ト計画の統合について」という報告書を作成し、三井東圧グルー
プと関西経済開発連合（関西石油化学グループ）に対して、計画
を一本化するように要請した。両グループの調整によって交渉
がまとまり、1965 年 2 月に三井化学 25％、東洋高圧 25％、
関西石油化学 50％の出資比率によって、ナフサ分解会社大阪
石油化学が設立された。

　1967 年 6 月に「エチレン 30 万トン／年基準」が発表され、
大阪石油化学は既に認可を得ていた 10 万トン／年計画の見直
しを行い、増強された大阪石油化学のエチレン 30 万トン／年
計画は 1968 年 4 月に認可された。しかし、関西石油化学は赤
字経営が続き、1975 年になってやっと経常黒字に転換したが、
二度にわたる石油危機を経て、1982 年度末に債務超過に陥っ
て 1983 年 3 月に解散した。その結果、堺泉北コンビナートは
大阪石油化学の設備を引き継いだ三井東圧グループ中心の運営
体制になった。その後、三井東圧化学と三井石油化学工業との
合併を経て、1997 年 10 月に三井化学となり、現在は三井化
学を中心としたコンビナートとなっている[84]。

---

84) 稲葉和也・橘川武郎・平野創『コンビナート新時代　IoT・水素・地域間連携』、化学工業日
　　報社、2018 年、188 – 194 頁。

（2）大阪府・堺市・高石市におけるコンビナート支援策

　堺泉北コンビナートは沿岸約 11km、沖合い約 4km の範囲
に築造された約 17km^2 の埋立地に存在する。堺泉北コンビナー
トは、製造品出荷額では大阪府全体の約 20％を占める産業集
積地である[85]。堺泉北臨海工業地帯には石油化学産業・鉄鋼・
機械工業・物流・電気などの事業所が集積している。大阪府・
堺市・高石市の各自治体は、地域における雇用や経済に与える
堺泉北コンビナートの影響力の大きさを認識しており、これま
で様々な支援策を行ってきた。

　工業用水を確保するための工事は淀川から四つのルートで三
段階に分けて実施され、延べ延長約 147km の水道管を敷設し
て整備された。堺泉北臨海工業地帯の岸壁は大阪湾に直接面す
る岸壁を除き、工場用地と合せて専用岸壁として分譲譲渡され
た。コンビナートの物流が効率的に機能するために道路交通網
の整備も行われた。自動車専用道としては阪神高速堺線、湾岸
線、松原泉大津線、一般道として大阪中央環状線と国道 26 号
が整備された[86]。最近では阪神高速 6 号大和川線の整備が進
められ、2020 年 3 月 29 日に開通した[87]。

　堺泉北臨海工業地帯には、臨海部における重化学工業などの
素材型産業に加え、先端産業や環境技術産業が集積している。

---

[85] 2016 年度堺泉北工業地帯における従業員 4 人以上の事業所数は 244 社、従業員は
　 18,803 人、製造品出荷額等は約 2 兆 8,610 億円である（工業統計調査）。
[86] 大阪府『堺泉北臨海コンビナートの概要』、2014 年 12 月参照。
[87] 新型コロナウィルス感染の懸念からテープカットなどの開通式典は行われなかった。この開通によ
　 って堺と松原ジャンクションの所要時間が最大で 30 分程度短縮される。

一方、内陸部には、機械・金属加工、自転車や刃物など多くの中小企業や伝統産業が集積している。そして、新たな製品・技術開発への研究開発の助成をはじめ、大手企業とのビジネスマッチングを実施するなど、技術力の強化や取引拡大の支援に堺市は取り組んできた。また、交通インフラの整備や、「グリーンフロント堺」の立地、関西国際空港との地理的な利便性などによる優位性によって、堺浜を中心に大規模物流施設が多く進出している。立地した物流施設には、太陽光発電設備を設置するなどの環境に配慮した施設も多く、これらの施設からの新たな税収や雇用創出が期待されている[88]。

　生産拠点に加え本社や研究拠点、先端分野の施設などを構え、市内企業との緊密な取引関係や安定的な雇用といった経済的な波及効果をもたらす企業の進出を堺市は重視している。企業の新規立地や、既存企業の成長に向けた研究開発機能の強化や成長産業分野進出への投資の促進など、地域を牽引する企業の拠点化を進めてきた。また、これらに対する支援を実施することで、市内在住雇用者や定住人口が増加することを堺市は期待している。

　堺市はものづくり投資促進条例を制定し、事務所や工場等の新増築や建替などの企業の成長発展に向けた投資に対して、固定資産税等の市税を最長5年間軽減する措置を取っている。企業成長促進補助金においては、本社機能や研究開発施設の整備または堺市内へ移転する場合、経費の一部を補助する[89]。

---

88) 堺市産業振興局商工労働部『堺市産業振興アクションプラン』、2014年3月参照。

　2004 年 11 月堺・泉北臨海企業連絡会が発足し、その後、
2006 年 11 月堺・泉北ベイエリア新産業創生協議会が設立さ
れた。堺・泉北ベイエリア新産業創生協議会は、堺泉北コンビ
ナート内の石油化学系企業 9 社と大阪府、堺市、高石市の地
方行政により構成された。経済発展を支える新産業の創出を目
指し、企業間連携、産学連携の推進、人材育成、情報発信に取
り組んできた。構成メンバーは、宇部興産、大阪ガス、大阪国
際石油精製、関西電力、コスモ石油、DIC、JXTG エネルギー
(現在の ENEOS)、日本酢ビ・ポバール、三井化学、大阪府、
堺市、高石市であり、経済産業省近畿経済産業局(オブザーバー)
が加わった[90]。

　水素エネルギー社会の構築に向けては、大学、行政、経済界、
水素関連企業からなる「堺市水素エネルギー社会推進協議会」
を 2015 年に設立した。産学公連携による推進体制の下で協議
会が作成した、水素エネルギーの利活用に向けたロードマップ
に基づきながら活動している。また、水素エネルギーの利活用
の機運を高めるために、普及啓発や情報発信を行っている[91]。

　高石市においては、2007 年度に導入した高石市企業立地等
促進条例に基づく税の軽減施策が実施された。これによって市
内企業の設備投資が進み、製造品出荷額等の上昇に寄与する結
果となった。更に新設・拡充を行う企業による設備投資に対す

89)堺市『堺市まち・ひと・しごと創生総合戦略』2016 年 2 月、28 頁。
90)大阪府ホームページ「堺・泉北ベイエリア新産業創生協議会のご紹介」http://www.pref.
　osaka.lg.jp/ritchi/sakaisenboku/index.html、参照。
91)堺市『堺市まち・ひと・しごと創生総合戦略』2016 年 2 月、24 頁。

る条例を追加して、固定資産税の課税を 2 分の 1 から 3 分の 2 に軽減することになった。また、新設・拡充に伴って増えた雇用者が市民の場合には、雇用奨励金を交付することにした[92]。

92）高石市『高石市まち・ひと・しごと創生総合戦略』2016 年 3 月、28 頁。

第8章
水　島

（1）水島コンビナートへの企業進出

　戦前の 1943 年に三菱重工業の航空機製造工場が建設された
ことが水島地域の工業化の始まりであった。そして、1953 年
に工業用地の造成が始まったのが戦後のスタートである。岡山
県では 1952 年 3 月に企業誘致条例が制定され、三木行治知事
を中心に企業誘致が行われた。岡山県は産業基盤の整備を行う
ために 1953 年から岡山県開発事業事務所を設置し、1 万トン
級船舶の航行が可能な水深 9 m の航路浚渫に着手した。この
浚渫土砂を利用して工場用地（A 地区 92 万 4,000m²）の造成を
開始し、更に 1957 年からは水島開発事業計画を拡大させ、
10 万トン級船舶の出入が可能になる水深 16 m の航路泊地を
浚渫し、その土砂をもって B 地区（105 万 6,000m²）および C 地
区（198 万 m²）の埋立てを開始した。後に水島 A 地区には三菱
石油の進出が決まり、1959 年 9 月に日本鉱業が B 地区に進出
することになった。そして、日本鉱業は 1961 年 6 月から日産
4 万バーレルの石油精製を開始した。

　1965 年 11 月日本鉱業、旭化成、日産化学工業、旭ダウの
4 社が、通産省に水島地区石油化学計画書を提出した。1967
年 6 月に石油化学協調懇談会が「エチレン 30 万トン／年基準」
を決定し、通産省の行政指導もあって、エチレンセンターの増

表Ⅱ－8　水島コンビナートの歴史

年	事項
1953	水島臨海工業地帯の建設開始
1961	三菱石油（現在のENEOS）水島製油所・日本鉱業（現在のENEOS）水島製油所操業、中国電力水島発電所運転開始
1962	水島港が関税法の「開港」に指定
1964	岡山県南地区が新産業都市に指定
1967	倉敷市・児島市・玉島市が合併して現行の倉敷市誕生
1996	玉島ハーバーブリッジ開通
2000	RINGによる国際競争力強化事業「水島コンビナート・ルネッサンス」開始、水島港にパイプライン防護設備を敷設
2001	水島エルエヌジー設立
2002	玉島人工島で水島国際コンテナターミナルの使用開始
	倉敷市が中核市に指定
2003	水島港が特定重要港湾に指定
2006	液化天然ガス（LNG）受入れ基地が操業開始
2010	新日本石油・新日鉱ホールディングスの合併によりJXホールディングス（現在のENEOSホールディングス）が発足
2011	水島港が国際拠点港湾、国際バルク戦略港湾（穀物・鉄鉱石）に選定、水島コンビナートが地域活性化総合特区に指定
2013	倉敷国家石油ガス備蓄基地が完成
2016	三菱ケミカルと旭化成によるエチレンセンターの共同運営開始
2017	「倉敷みなと大橋」開通

出所：岡山県産業労働部「水島臨海工業地帯の現状」、2020年2月、倉敷市水島コンビナート活性化検討会「［知っていますか？水島コンビナート］　働く人々・支える人々がコンビナートの未来を創る」（水島コンビナート・デジタル・データブック）、倉敷市商工課水島港振興室、http://www.mizu-com.jp/、岡山県「地域活性化総合特別区域指定申請書」、2011年9月より作成。

設については、グループ間で共同・輪番投資という形での調整が行われることになった。これを受けて日本鉱業－旭化成グループも改めてエチレン30万トン／年計画を立てた。1968

年 7 月 3 日、旭化成と日本鉱業は共同出資で山陽石油化学を設立した。そして、同年 7 月 23 日この山陽石油化学と三菱化成の折半出資で水島エチレンが設立され、1969 年 11 月に同様の共同出資で山陽エチレンが輪番投資の後番として設立された。これによって、水島地区では化成水島のエチレンセンターと水島エチレン、山陽エチレンを加えた三つのエチレンセンターが鼎立することになった。その後、1974 年 2 月に化成水島は三菱化成に吸収合併された。

　2006 年 6 月新日本石油とジャパンエナジーとの間で製油所同士の業務提携がなされた。この事業連携は提携に留まらず経営統合にまでに進んで、2010 年 4 月に JX ホールディングスが発足した。その後、商号変更した JX エネルギー株式会社と東燃ゼネラル石油株式会社が合併して JXTG エネルギー株式会社が 2017 年 4 月発足し、2020 年 6 月より ENEOS に社名を変更した。このような統合・合併を経て水島コンビナートに大規模な製油所を同社は 2 カ所所有している。

　水島コンビナートではエチレン設備の再編に合わせて、三菱化学と旭化成ケミカルズが両社折半出資で LLP の組織形態を取る西日本エチレン製造有限責任事業組合を設立し、2011 年 4 月より事業を開始した。その後、2016 年 4 月より共同運営会社「三菱化学旭化成エチレン」を発足させた。2017 年 4 月から親会社の商号変更を受けて同社は「三菱ケミカル旭化成エチレン」となった[93]。

93）稲葉和也・橘川武郎・平野創『コンビナート新時代　IoT・水素・地域間連携』、化学工業日報社、2018 年、177 – 179 頁。

（2）岡山県・倉敷市におけるコンビナート支援策

　岡山県倉敷市の南部に位置する水島臨海工業地帯は、総面積が約 29km² で、東西に約 9.5km、南北に約 7.3km の広がりがあり、この広大な敷地に多くの企業が立地する。2017 年度製造品出荷額等は約 3 兆 4,000 億円であり、岡山県の全出荷額の約 45％、全従業員の 15.7％を水島臨海工業地帯が占めている[94]。特定重要港である水島港は、2017 年度総貨物量 8,460 万トンで全国第 10 位の貨物量を誇る。石油貯蔵量は 1,000 万 k1、高圧ガス処理量は 12 億 5,000Nm³ であり、岡山県の中核的工業地帯である。また、石油精製では ENEOS の製油所があり、西日本を代表する石油精製基地である。石油、化学、鉄鋼、自動車、電力の各産業が集積する水島コンビナートは、リチウムイオン二次電池や太陽電池の材料、液晶ディスプレイ用フィルム、高張力鋼板等の軽量高強度材料、電気自動車など、環境・エネルギー分野における高機能・高付加価値製品を幅広く生産している。

　東日本大震災による東日本地域の工場被災に際しては、石油製品をはじめとする様々な製品の減産を補うために水島コンビナートが増産体制を取って不足分を支えた。日本の製造業のリスク分散を図る上で、自然災害が比較的少ない水島コンビナートには存在価値がある。大規模な自然災害が全国で起きる可能性がある以上、水島コンビナートの存続と発展は国家的な見地

94）岡山県産業労働部『水島臨海工業地帯の現状』、2020 年 2 月、4 頁、水島臨海工業地帯における従業員 4 人以上の事業所数は 2017 年度 227 社、従業者は 22,892 人、製造品出荷額等は 3 兆 3,821 億円である（「工業統計調査」）。

からも社会的な意味を持っている[95]。

　岡山県の施策にとっては、県内の産業が成長を維持し、雇用の場が確保されることが求められる。とりわけ、水島コンビナートは、製造品出荷額の半分近くを占めるなど、岡山県産業の中核をなしており、コンビナートの持続的発展が岡山県の雇用と税収を確保する上で不可欠である。国内コンビナートの模範となる「モデルコンビナート」を実現させて、企業の海外移転による産業空洞化を回避して持続的な成長と雇用の確保を図るための政策を岡山県は立案してきた。この目的を達成するために、①高度な企業間連携による高効率・省資源型コンビナートの構築、②水島港のポテンシャルを最大限発揮する物流機能の強化、③今後のコンビナートの持続的発展に繋がる成長産業の国内重要製造拠点（マザー工場）化を進めるという三つの方針を岡山県は立てた[96]。

　水島コンビナートに立地する企業は、RING や NEDO の事業をはじめとする各種の連携事業を実施して、系列を超えた原材料の融通など、国際的な競争力強化のための取り組みを行ってきた。岡山県は、コンビナート全体を一つの企業（バーチャル・ワン・カンパニー）と見なし、規制緩和と財政支援を行うことでこのような企業間連携の推進を支援してきた。

　一方、水島コンビナートの発展を物流面から支えているのは水島港である。水島港は、総貨物取扱量、鉄鉱石輸入量におい

95）岡山県『地域活性化総合特別区域指定申請書』、2011 年 9 月、5－6 頁。
96）同上、7－9 頁。

て全国有数の貨物取扱規模を示し、2001 年に輸入促進地域
（FAZ）、2003 年に特定重要港湾（現国際拠点港湾）に指定された。
2011 年には国際バルク戦略港湾に選定された。国際コンテナ
ターミナルの整備や航路拡幅、玉島ハーバーアイランドの埠頭
民営化 97)、耐震の新岸壁整備、新高梁川橋梁事業化などの各
種整備が行われた 98)。

「水島工業地帯産学懇談会」が 2001 年 3 月に設立され、2004
年 10 月から「水島コンビナート競争力強化検討委員会」が発足
して、水島コンビナートの個別課題についての協議が進められ
た。水島コンビナートは国際競争力を維持することが重要であ
り、一度競争力を失ってしまうと地域の雇用が維持できなくな
る。そのため、諸外国のコンビナートと比較してインフラ基盤
においてコスト面や規制面で劣ることのないように整備するこ
とが行政の役割であると岡山県は認識した。そして、製造拠点
としての機能を高めて、水島コンビナートの国際競争力を強化
するための支援策を採ってきた 99)。

水島コンビナート立地企業 8 社、岡山県、倉敷市、中国経
済産業局で構成された「水島コンビナート競争力強化検討委員
会」において、物流、エネルギー、保安、環境、リサイクル、
人材育成 100) の 6 分野について競争力強化に資する産学官連携

97) 水島港国際物流センター株式会社を港湾運営会社に指定して国際コンテナターミナルと 4 号埠
　頭を 2014 年貸し付けた。
98) 岡山県『地域活性化総合特別区域指定申請書』、2011 年 9 月、5 頁。
99) 水島コンビナート競争力強化検討委員会『水島コンビナート国際競争力強化ビジョン』、2007
　年 11 月参照。

による取り組み計画がまとめられ、水島コンビナート国際競争
力強化ビジョンが 2007 年 11 月に策定された[101]。水島コン
ビナートでは、同ビジョンに基づいて、企業間連携の高度化な
どの競争力強化に地域で取り組んだ。そして、ビジョンに掲げ
た取り組みの更なる推進のためには、国による規制の特例措置
や財政支援、税制優遇などの支援が必要であるとの結論に達し
た。この結論が総合特区申請へとつながっていった。更に水島
コンビナート競争力強化検討委員会に総合特区検討ＷＧを設置
して議論を積み重ねた。そして、総合特区推進強化のために
2011 年 1 月から岡山県専任職員を増員し、2 名体制とした。
その後、水島コンビナート競争力強化検討委員会を「水島コン
ビナート発展推進協議会」に 2011 年 6 月改称し、総合特区法
に規定する地域協議会としてそれを位置づけた。地域協議会の
構成員は、旭化成ケミカルズ、クラレ、JFE スチール、JX 日
鉱日石エネルギー、中国電力、三菱化学、三菱ガス化学、三菱
自動車工業、岡山県、倉敷市、中国経済産業局、日本政策投資
銀行、中国銀行、トマト銀行であった。

　企業の枠を超えて、競争力強化に取り組む方策を水島コンビ
ナート発展推進協議会は検討した。コンビナート全体を一つの

100）経済産業省から産学連携製造中核人材育成事業の委託を受けて、2005 年より「コンビナー
　　ト製造現場中核人材育成事業」を実施している。「高度運転、安全能力、緊急時対応能力
　　に優れたオペレーター」、「製造現場リスクとコンビナート全体最適化をマネジメントできるリーダー」を
　　育成する実践的なプログラムが開発され、公益社団法人山陽技術振興会が行う「山陽人材
　　育成講座」が開講されている。
101）水島コンビナート競争力強化検討委員会『水島コンビナート国際競争力強化ビジョン』、2011
　　年 11 月参照。

企業（バーチャル・ワン・カンパニー）と見なして、企業毎の法規制を緩和し、企業間の高度連携の実現による高効率・省資源型コンビナートを構築することを目指した。そして、産業空洞化を防ぎ、新興国の成長市場を取り込んでいくためには、水島コンビナートのユーティリティ施設をはじめとするビジネスインフラを整備することが求められた。用役コスト、広域パイプライン、規制緩和については、世界のコンビナートと比べて遜色のないレベルに整備し、国際競争力を強化することが特区計画の目的となった[102]。

　瀬戸内海に面した水島港は、外洋に面した港に比べ船舶の航行や停泊に対する制約が多く、原燃料の入荷や製品出荷に係るコストが割高になるために輸送効率の改善が水島港の物流機能強化に必要であった。水島港の国際拠点港湾及び国際バルク戦略港湾としての機能を水島コンビナート企業が最大限活用できる環境を整備することが特区計画において求められた。

　2000年から始まったRING Ⅰにおいて取り組まれた企業間連携による生産の効率化を一層推進するために、企業間での電力や蒸気などのエネルギーの共有化や、オフガスの有効活用、未利用留分など原材料の相互融通などが検討された。コンビナート全体として投入した原料を最大限有効活用する低炭素型高効率生産基盤を構築することが特区計画において求められた。

　岡山県は「ハイパー＆グリーンイノベーション水島コンビ

102）岡山県『地域活性化総合特別区域指定申請書』、2011年9月、5-6頁、内閣府地方創生推進事務局ホームページ、岡山県『地域活性化総合特別区域計画』https://www.kantei.go.jp/jp/singi/tiiki/sogotoc/nintei/index.html 、2012年2月、8頁。

ナート総合特区」を国に申請し、2011 年 12 月に地域活性化総合特区として指定を受けた[103]。特区は、「アジア有数の競争力を持つコンビナートの実現による地域の持続的な成長と雇用の確保」を目的としたものである。特区指定によってコスト削減などの省資源型のコンビナートを構築し、官民一体となって国際競争力を高めていく体制が整えられた。そして、旭化成ケミカルズ（現在の旭化成）、**JXTG エネルギー**（現在の **ENEOS**）、**JFEスチール**、三菱自動車工業、クラレ、三菱ガス化学、中国電力を中心に原燃料の相互融通や企業間の高度連携が進められた。

　岡山県における総合特区の施策を具体的に述べると、水島港ハイパーロジスティックス港湾戦略では、インフラ整備と規制緩和によって、国際バルク戦略港湾に選定された水島港を利用する多くの船舶の輸送効率を改善した。とん税法、特別とん税法では、積荷の準備の都合によりやむを得ず一時出港し、近接する不開港に入港した後、水島港に再入港する場合のとん税及び特別とん税が非課税となる制度を導入した。グリーンイノベーションコンビナート戦略においては、規制緩和と投資促進策によって迅速な対応を可能とする事業展開を支援し、西日本一の素材供給基地として環境・エネルギー分野のマザー工場化や産業集積を図ることを目指した。ガス事業法に対する規制緩和については、密接関連性（生産工程、資本関係、人的関係等）がなくても、特区内の工場間においてオフガスと水素の融通を可

---

103) 2017 年 3 月に同特区は新たな計画の認定を受けている。また、国による「平成 30 年度地域活性化総合特別区域評価書」において地域が一体となって競争力強化に向けて活動している点が評価されている。

能にした。消防法については、事業所敷地内部分の配管基準を
緩和し、事業所敷地内の配管に限り、一定の条件の下、移送取
扱所の基準の一部を適用除外とした。省エネ法については、共
同省エネルギー量の第三者認証を緩和し、定期報告では、共同
省エネルギー事業に係る共同省エネルギー量の第三者認証を総
合特区法定地域協議会で行うことができるようにした。更に、
財政支援エネルギー使用合理化等事業者支援補助金を拡充し、
2～4月に工事を行う事業に対して一定の条件の下で補助対象
とした。地球温暖化対策法については、地球温暖化対策法に基
づく定期報告様式を事業所単位で公表ができるようにした。石
油コンビナート等災害防止法については、隣接する事業所間で
特定通路を共用することができるようにした。高圧ガス保安法
における圧力計・温度計については、取替え手続きを簡略化し、
高圧ガス製造施設休止届を提出した特定施設に対して一定の条
件の下、運転再開後も認定保安検査実施者による保安検査の対
象とできるようにした。そして、製造施設内の全ての圧力計・
温度計の取替え（同一方式の取替え）は、許可、届出を不要とした。
瀬戸内環境保全特別措置法については、許可手続きを弾力化し、
排水口ごとに排水量及び汚濁負荷量の許可申請を行う際、他の
排水系統からの排水の流入を見込んだ申請に対しても、許可で
きるようにした。総合特区支援利子補給金においては、事業者
が、水島コンビナート総合特区の計画を推進する事業の実施に
当たり、指定金融機関から必要な資金を借り入れる場合、国の
予算の範囲内で、総合特区支援利子補給金を受けられるように
した[104]。

　また、総合特区制度による取り組みの一環として、2014年7月、コンビナートの生産過程で発生する水素の有効活用について検討する「水島コンビナート総合特区水素利活用研究会」が水島立地企業8社、岡山県、倉敷市の連携によって設置された。

　倉敷市も企業に対する様々な支援制度を独自に実施してきた。倉敷市内に用地を新たに取得する事業者が工場・物流施設等を設置する場合に倉敷市企業立地促進奨励金が交付される。また、大規模な工場等の立地を行う場合に倉敷市企業誘致促進奨励金が交付される。倉敷市設備投資促進奨励金は、倉敷市内に製造工場、研究所、物流施設を有する事業者が工場等の増設を行う場合に交付される。これら奨励金には最先端技術を有する企業の産業競争力の強化を支援する目的がある。倉敷市本社機能移転等促進奨励金は、倉敷市内に本社機能、研究所、研修施設を移転する場合や、倉敷市内に本社がある企業が本社機能、研究所機能、研修施設機能を強化する場合に交付される。また、企業誘致推進事業の地域再生法に基づく固定資産税の不均一課税事業が行われた。これらの企業誘致や投資促進についての奨励金による施策は、東京一極集中の是正を掲げて実施されている。また、倉敷市水島コンビナート活性化検討会が設置された。水島コンビナート立地企業7社と倉敷市で組織され、住民のコンビナートへの理解を促進するための地域貢献活動を推進している[105]。

---

104) 岡山県『水島コンビナート総合特区〜規制緩和・支援措置のご案内〜（パンフレット）』、2017年10月参照。

105) 倉敷市『倉敷市商工業活性化ビジョン』、2014年8月、岡山県『水島コンビナート総合特区〜規制緩和・支援措置のご案内〜（パンフレット）』、2017年10月参照。

第9章
周　南

（1）周南コンビナートへの企業進出

　山口県周南地域の工業は徳山市（現在の周南市）の海軍燃料廠跡地、及び、光市の海軍工廠跡地（後に武田薬品工業、八幡製鉄）を再利用して戦後出発した。1957年旧徳山海軍燃料廠が出光興産の石油精製所として生まれ変わると、1964年に周南地区が「工業整備特別地区整備促進法」の適用を受けてコンビナート化が推進され、徳山、南陽地区への工場進出が相つぐことになった。1955年に制定された山口県の工場誘致条例、公有水面の埋立による工場用地の造成、当時西日本一の県営菅野ダムの建設などの行政の支援が行われた。山口県や徳山市、南陽町（新南陽市を経て合併後、現在の周南市）をはじめとする各自治体が、工場誘致、工業化の促進という点でコンビナート参加企業に対して積極的な支援を行ってきた。

　周南コンビナートは、徳山海軍燃料廠の跡地に政府の払い下げを受けて出光興産が進出したことから始まる。最初の製油所が完成したのが1957年であった。エチレン設備の完成は1964年で、日本で9番目のエチレンセンターであった。第1期計画の完成後エチレン20万トン設備が1968年に稼働し、合計30万トン規模となった。周南コンビナート参加企業へ供給する基礎原料の製造会社として出光は供給責任を果たし、パ

表Ⅱ-9　周南コンビナートの歴史

年	事項
1957	旧海軍燃料廠跡地に出光興産徳山製油所が操業開始
1962	徳山・防府・下松・光・南陽が工業整備特別整備促進地域に指定、川上ダム完工
1964	出光石油化学がエチレンの生産を開始、徳山南陽地区石油化学コンビナート合同竣工式
1966	菅野ダム完工
1984	徳山曹達（現在のトクヤマ）、多結晶シリコンの製造を開始
1996	東ソー、VCM製造装置の増強（26万トン→56万トン）
2003	市町合併によって周南市が誕生
2014	出光興産徳山製油所が原油精製を終了
	周南市への液化水素ステーションの誘致決定、やまぐち水素成長戦略推進協議会の設置
2015	水素ステーションが周南市内に開業（中国・四国地方で初）
2016	トクヤマの本社機能強化　本社機能移転型認定第1号

出所：山口県商工労働部「平成31年度商工労働部事業概要」、2019年、徳山大学総合経済研究所編『石油化学産業と地域経済―周南コンビナートを中心として―』、山川出版社、2002年、260-264頁より作成。

イプラインによって周辺工場にエチレンやプロピレンなどの原料を送っている。周南コンビナートは、エチレンセンターと塩素の供給基地とが結びついた、出光興産、徳山曹達（現在のトクヤマ）、東洋曹達工業（現在の東ソー）の三つの核になる企業を中心とするコンビナートとして形成された。現在の周南コンビナートは、エチレン規模が60万トンを超えており、出光からの基礎原料の主な供給先は東ソー、トクヤマ、徳山ポリプロ、日本ゼオン、三菱ケミカル大竹工場である。エチレンはコンビナート内で消費している。エチレンの7割強は東ソー、トク

ヤマ、関連会社が生産する塩ビ、塩ビモノマーに使用される。塩ビは周南だけで国内生産の4割強を占めており、アジア向け輸出の拠点となっている[106]。

　周南コンビナートでは、差別化された製品を有する企業が多い。東ソーのビニルイソシアネートチェーン、トクヤマの多結晶シリコン、日本ゼオンのC5留分総合利用と、企業としてそれぞれ特色ある事業を展開している。石炭、原油、原塩を利用して発電、電解、化学、セメント、石化という産業が多様性をもって展開している点が周南コンビナートの特徴である。したがって、周南コンビナートを単純に石化コンビナートとして見ることはできず、大規模な石炭火力の自家発電所を有する電解コンビナートと呼ぶ方がふさわしい[107]。

（2）山口県・周南市におけるコンビナート支援策

　産業振興による雇用の創出を山口県は重点目標に掲げて産業力を強化する施策を実行してきた。山口県の瀬戸内海沿岸地域には、山口県経済を支える基礎素材型産業をはじめとした多くの企業が集積している。山口県の製造品出荷額等は年間5兆6,090億円（2017年工業統計調査）であった。石炭火力が山口県工業の活動をエネルギー面で支えており、石炭の年間輸入量は2014年に年間1,174万トンであった[108]。こうした工業の特

106）「山口・周南コンビナート改革——さらば製油所、出光の決意」、『日本産業新聞』、2012年9月26日、20頁。
107）稲葉和也・橘川武郎・平野創『コンビナート新時代　IoT・水素・地域間連携』、化学工業日報社、2018年、168-173頁。
108）山口県『山口県まち・ひと・しごと創生総合戦略』、2018年10月、8頁。

性や強みを伸ばして、地域経済の活性化や雇用の促進につなげ
ていくことを政策面で山口県は目指している。また、それととも
もに地域経済への多面的な波及効果が期待できる企業誘致を進
めている。

　山口県はやまぐち産業戦略推進計画を作成し、その計画に基
づいてコンビナートの国際競争力強化に向けた取り組み、産業
基盤の整備、新たな研究開発・事業化への支援、産業を支える
人づくり、物流拠点港湾の機能強化、国際バルク戦略港湾等の
整備、工業用水の安定供給、島田川分水の事業化を実施してきた。

　地域の課題や利用者ニーズを踏まえながら、産業の国際競争
力強化に向けた産業基盤の整備のために山口県と周南市はコン
ビナート形成当初から支援を続けてきた。物流コストの削減に
寄与する貨物ターミナル・港湾整備を促進するとともに、埋め
立て事業、周南大橋の建設、幹線道路網整備などの手厚い行政
によるインフラ整備が継続して行われている。

　国際バルク戦略港湾に指定された徳山下松港の設備を新設
し、大型石炭運搬船に対応した効率的な輸送体制を目指す「徳
山下松港国際物流ターミナル整備事業」が総事業費302億円（港
湾整備事業289億円）で実施された。この事業は石炭の共同輸送
を効率化することに狙いがある。港湾基盤強化の促進における
徳山下松港航路整備事業は国・山口県・周南市で連携して行わ
れた。その事業内容は、①国際バルク戦略港湾推進事業、②
T10号埋立事業、③国際物流ターミナル整備事業、④N7号
埋立事業の四つである。

　①国際バルク戦略港湾推進事業については、企業の国際競争

力を強化するために、更なる港湾物流コストの低減に向け、国際バルク戦略港湾に指定された徳山下松港の整備を行った。徳山地区、新南陽地区へのケープサイズ5の入港を実現するために、国際バルク戦略港湾事業の国土交通省2016年新規事業に採択され、工事が進められた。②T10号埋立事業においては、徳山地区では、港湾浚渫土砂を埋立用材とする土地造成や、臨海部用地確保の実現を図っている。また、T10号埋立用地を一部施工し、港湾浚渫土砂を投入して土地造成を行った。造成された用地は貯炭場として利用し、広域的に石炭の安定供給を行う場所として利用される。③国際物流ターミナル整備事業については、国際競争力の強化、港湾物流コストの削減を図るために、バルク6やコンテナ物流に対応する泊地・航路・埠頭などの整備を図っている。そして、徳山地区（－14m）、新南陽地区（－12m）の航路、泊地の浚渫事業を行った。④N7号埋立事業については、港湾浚渫土砂や廃棄物を埋立用材とする土地造成や、臨海部用地確保を新南陽地区で行った[109]。

　水素利活用による産業振興と地域づくりについては、大量かつ高純度の水素をコンビナートで生成できるという強みを活かして、「水素先進県」の実現を山口県は目標に掲げた。この目標を達成するために、水素供給インフラの整備や、水素関連製品の研究開発・事業化を促進するとともに、水素ステーションを核とするまちづくりモデルの全県展開を図り、水素利活用による産業振興と地域づくりを進めてきた。岩谷産業の協力を得

109）周南市『周南市まち・ひと・しごと創生総合戦略』2019年3月、52－54頁。

て中四国地域で先駆けて水素ステーションを一箇所設置し、水素製造・供給インフラを整備した。そして、産業戦略研究開発等補助金を活用した水素利活用製品の研究開発、水素関連のベンチャー企業の創出を促進する産業振興が図られた。

　山口県における水素利活用事業が2015年環境省委託事業「平成27年度地域連携・低炭素水素技術実証事業」に採択され、トクヤマ[110]と東ソーの協力の下、周南市と下関市も参加して水素利活用の実証実験を行っている。水素の製造から輸送、貯蔵、供給、利用にいたる各段階において低炭素化された「水素サプライチェーン」を構築し、二酸化炭素の削減効果や事業性についての実証事業が行われた。水素ステーション周辺エリアにおける実証事業では、液化水素ステーションの水素を活用し、燃料電池フォークリフトや燃料電池ゴミ収集車といった水素を燃料とする車両を走行させる事業を行った。また、水素ステーションから地方卸売市場までパイプラインによる水素の直接供給を行い、市場に設置した純水素型燃料電池を稼働する実証事業を行った。道の駅「ソレーネ周南」における実証事業では、周南市内の工場から道の駅まで、圧縮水素を運搬して純水素型燃料電池を稼働する実証事業を行った[111]。順調に成果を出したことが評価され、同事業は2020年から更に2年間延長して実証実験が続けられる。

---

110) トクヤマと岩谷産業が合弁した液化水素プラントの山口リキッドハイドロジェンが2013年に稼働し、旺盛な水素需要を受けて2017年に更に設備の増強がなされた。施設はトクヤマの徳山事業所内にある。
111) 周南市『周南市まち・ひと・しごと創生総合戦略』2019年3月、55頁。

　その他、新事業・新産業創出支援事業については、今後の成長が見込める分野への新たな事業展開や新産業の創出を図るために、地方独立行政法人「山口県産業技術センター」や公益財団法人「周南地域地場産業振興センター」と連携して、水素や医療、環境エネルギーといった成長分野をテーマにした研究会を創設し、新事業・新産業の創出に向けて新技術・商品開発などの活動を行っている[112]。

　一方、周南地区や宇部・山陽小野田地区には厳しい渇水や慢性的な水不足の問題が存在する。コンビナートの連続操業を支える工業用水の安定的な供給体制を構築するための水資源確保や渇水対策事業を山口県は行ってきた。周南コンビナートへはパイプラインで工業用水を運ぶ島田川分水事業が実施され、本格的な更新時期を迎える管路等の老朽化対策も行われている[113]。

　また、コンビナートにおける企業間の事業連携を促進するために山口県産業戦略本部は、仲介役としての役割を積極的に引き受けている。産業戦略本部が中心となって分野別会合（瀬戸内産業）が 2014 年 9 月に開催された。そこで、コンビナート企業間の連携促進、瀬戸内コンビナートの国際競争力の更なる強化を目指すことが議論された。産業戦略本部分野別会合における委員や有識者から出た意見は、山口県のコンビナートが、将来にわたって発展・成長していくためには、ハード面に加えてソフト面の取り組みが必要であり、特に生産活動の効率化や

112）周南市『周南市まち・ひと・しごと創生総合戦略』2019 年 3 月、55 − 56 頁。
113）山口県『山口県まち・ひと・しごと創生総合戦略』2018 年 10 月、8 頁。

産業保安の確保に向けて、企業や分野を超えた連携が必要であるというものであった。企業からは、行政に対して、港湾、工業用水等の産業基盤の整備に加え、企業が主体的に取り組む企業間連携への側面的な支援を期待する声が上がった。メンバーは、宇部興産、武田薬品工業、帝人、東ソー、トクヤマ、マツダ、出光興産、JX日鉱日石エネルギー（現在のENEOS）、セントラル硝子、徳山高専、日本製紙、山口大学大学院であった。そして、地域連携のための組織作りが行われ、「コンビナート間連携連絡会議」が設置された。岩国・大竹地域コンビナート企業連携検討会議、周南地域コンビナート企業連携検討会議、宇部・山陽小野田地域コンビナート企業連携検討会議の三つが各地区に設置された[114]。

　一方、周南市においても独自施策が行われている。周南市は周南コンビナートを重要な「地域資源」と考えている。周南コンビナートは国内最大級の石炭火力自家発電所を有するコンビナートである。このことから、この特性を生かしてそこで発電される大量の電力と製品の製造過程で発生する蒸気や副生水素などを有効活用した、エネルギー関連の「地方創生」を周南市は構想している。周南市の製造業は、製造品出荷額（2014年工業統計調査）が1兆2,942億円で、県内の約20%を占めており、1万人を超える雇用を支えている。しかしながら、国内需要の縮小、高い生産コストなどにより、周南コンビナートにおいて

114）山口県産業戦略本部「山口県の産業戦略とコンビナート企業間の連携促進」会議資料、2015年5月、「瀬戸内コンビナートの競争力強化に向けた取組」会議資料、2016年5月参照。

も事業の撤退や海外への進出の動きが見られた。

　周南コンビナートにおける国際競争力の強化を図るために、徳山下松港や幹線道路などの物流基盤の強化・充実を図る支援策が採られ、安定的な雇用の確保とその拡大につなげるために様々な取り組みが進められてきた。新たな企業進出の促進、地元企業の本社機能の移転などに対する支援や、新事業・新産業創出のための環境整備に取り組み、地域全体の活性化を図ることを周南市は目指してきた。

　市内企業の新規事業進出・事業規模の拡大・新規雇用、市外からの企業進出に対して、各種の支援策を周南市は実施している。企業立地の促進を図るために、事業所等設置奨励金の指定、企業立地促進事業、本社機能移転等促進支援事業を行っている。周南市に本社機能等を移転、または拡充した場合には、それに伴う周南市への転入者や新たな設備投資などに対する支援制度を創設した。新事業・新産業の創出においては、大型研究プロジェクトの誘致や事業所等設置奨励金の重点立地促進事業を行っている。周南市への新たな企業立地や既存企業が事業規模拡大等の目的で新たな設備投資を行う場合、その投資に係る固定資産税相当額を支援する。雇用奨励金の交付は、新たな設備投資により従業員を雇用した場合に支援を行う。研究者集積奨励金の交付は、新たな研究所の立地や、既存研究所の増設により研究者が増員となった場合に支援を行う[115]。

　水素ステーションを核としたまちづくりの推進や、水素関連

---

115) 周南市『周南市まち・ひと・しごと創生総合戦略』2019 年 3 月、54 頁。

ビジネスの創出に向けた支援、水素エネルギーの普及啓発を周南市は独自に展開しており、燃料電池自動車（FCV）等の導入に対する支援などを実施してきた。FCV などの水素を燃料とする自動車を市民や市内の事業者が購入する際に補助金による支援を行うものである。水素の普及啓発の推進については、水素学習室や出前トークによる水素に関する学習の機会の提供や、未来の水素社会を担う子供たちへの普及啓発を実施している。

　「まち・ひと・しごと創生総合戦略」の中で地域エネルギー導入促進事業におけるコンビナート電力利活用構想を周南市は計画している。電解コンビナートの資源を生かしたまちづくりの推進においてコンビナート電力を供給する施設の設置を構想した。臨海部のコンビナートと市街地が隣接している周南市の地域の特性を活かしてコンビナートの自家発電施設の電力を有効活用することが目的である。しかし、この計画はまだ実行されていない[116]。

116）周南市『周南市まち・ひと・しごと創生総合戦略』2019 年 3 月、79-80 頁。

（1）大分コンビナートの歴史と概要

　表Ⅱ－10は、大分コンビナートの歴史をまとめたものである。表中に登場する事業所は、いずれも、2012年に発足した大分コンビナート企業協議会の構成企業が同地区内で操業開始したものである。ただし、パンパシフィック・カッパー佐賀関製錬所（1916年に久原鉱業佐賀関製錬所として操業開始）の所在地は、大分地区とは離れた佐賀関地区である。

　大分コンビナートの出発点となったのは、1959年に始まった大分鶴崎臨海工業地帯の造成である。5年後の1964年には、大分地区は、新産業都市に指定された。

　大分コンビナート企業協議会の構成企業のうちパンパシフィック・カッパー、住友化学、王子マテリアの3社は、大分鶴崎臨海工業地帯の造成以前から佐賀関地区ないし大分地区に事業所を開設していた。その後、JXTGエネルギー（現在のENEOS）、昭和電工、NSスチレンモノマー、日本製鉄、三井E＆Sマシナリー、大分エル・エヌ・ジー、九州電力、大分瓦斯の各社が、大分地区に順次事業所を操業開始し、現在の大分コンビナートの骨格が形成された[117]。

117）以上の記述においては、2019年5月時点の企業名で表記した。

表Ⅱ－10　大分コンビナートの歴史

年	事項
1916	久原鉱業（現在のパンパシフィック・カッパー）佐賀関製錬所操業開始
1939	日本染料製造（現在の住友化学）大分工場操業開始
1951	大分港、港湾法にもとづく重要港湾に指定
1957	王子板紙（現在の王子マテリア）大分工場操業開始
1959	大分鶴崎臨海工業地帯造成開始
1964	九州石油（現在のENEOS）大分製油所操業開始
	大分地区、新産業都市に指定
1965	大分港、関税法にもとづく開港に指定
1969	昭和電工大分石油化学コンビナート操業開始
	新日鐵化学大分製造所（現在のNSスチレンモノマー大分製造所）操業開始
1971	新日本製鐵（現在の日本製鉄）大分製鉄所操業開始
1981	三井造船大分事業所（現在の三井E＆Sマシナリー大分工場）操業開始
1990	大分エル・エヌ・ジー操業開始
1991	九州電力新大分発電所操業開始
1996	大分港大在コンテナーターミナル供用開始
2003	大分コンビナート地区エネルギー共同利用推進協議会発足
2004	大分コンビナート立地企業連絡協議会発足
2006	大分瓦斯新大分工場操業開始
2012	大分コンビナート企業協議会発足
2013	メガソーラーが6号地で稼働

出所：大分県商工観光労働部「大分コンビナートに係る大分県の取組について」、2019年
5月。

　大分コンビナートの最大の特徴は、天然の良港を擁する点に求めることができる。水深が30mに達するため、日本製鉄大分製鉄所には、わが国で唯一、世界最大級の鉄鉱石運搬船（40万トン級）が積み荷を満載の状態で直桟可能である。また、水深が24mに及ぶENEOS大分製油所は、同じく世界最大級

の VLCC（30 万トン級の超大型タンカー）が積み荷満載で直桟できる、国内でも数少ない製油所である[118]。

　全体的に見れば、大分港は、東西 25km にわたる横長に開けた港である。鉱石船、原油タンカー、コンテナ船等の外航・内航船舶が多数出入りする重要港（特定港）となっている。大分港の港湾取扱量（2016 年）は 6,694 万トンで全国 12 位、九州 2 位、入港船舶総トン数（2016 年）は 7,030 万トンで全国 13 位、九州 3 位、総貿易額（2017 年、中津港・佐賀関港も含む）は 1 兆 7,374 億円で全国 16 位、九州 2 位である[119]。

　大分コンビナートは、地域経済に大きく貢献している。2016 年の大分市の製造品出荷額等は 2 兆 2,433 億円に達したが、これは全国の市町村のなかで 15 番目に大きな数値であった。2017 年の大分コンビナートの製造品出荷額等（1 兆 8,519 億円）は、大分県全体のそれ（4 兆 881 億円）の 45％を占めた[120]。

（2）大分鶴崎臨海工業地帯の造成と大分県

　大分県は、大分コンビナートの形成と発展に深く関与してきた。そもそも、大分鶴崎臨海工業地帯の造成自体を主導したのも、大分県だった。この点を詳しく検討した論稿に、石井晋「研究ノート：大分の石油・鉄鋼コンビナート建設をめぐって」（『学習院大学　経済論集』第 38 巻第 1 号、2001 年）がある。ここでは、同稿（51 – 65 頁）に依拠して事実関係を整理しておこう。

---

[118] 以上の点については、大分コンビナート企業協議会「知っておどろく！　大分コンビナート」、2019 年、参照。
[119] 以上の点については、同前参照。
[120] 以上の点については、同前参照。

○大分県は、1950 年代前半から工場誘致活動を行っていた。その際、大分県の優位性として喧伝されたのは、県による電源開発の推進、海岸線の長さと天然の良港の存在、豊富かつ良質な工業用水の確保しやすさ、別府等の温泉地域という自然の厚生施設の所在、地下資源（硫黄・硫化鉱・砂鉄・石灰石など）や山林資源の豊富さ、九州北部の産炭地との距離の近さ、農業部門からの豊富な労働力の確保、などの諸点であった。

○ 1955 年まで県知事をつとめた細田徳壽（とくじゅ）は、電源開発、地下資源開発、工場誘致の三つを大分県の経済振興策として強調した。

○細田に代って 1955 ～ 71 年に県知事をつとめた木下郁（かおる）は、元社会党代議士であったが、工業化重視路線をとった。

○ 1955 年に大分県は、のちの大分鶴崎臨海工業地帯の主要部分を対象にした造成計画を立案した。同年の県の「総合開発計画」では、同地域の呼称が、それまでの「別府湾沿岸地区」から「瀬戸内海調査地域」へ改められた。「大分県内の臨海地域を『瀬戸内海沿岸』の一地域とする位置づけは、その後 1960 年代になって新たに『新産業都市』と位置づけられるまで踏襲されていく。これは、中央政府の国土開発計画との連関を想定し、大分県が自らの計画をその中に組み込ませることで権威づけ、実現可能性の高いものにしようとした動きであった」（55 頁）。

○ 1957 年には、「瀬戸内海沿岸開発計画」の一環として、「大分・鶴崎工業地帯開発計画」が策定された。大分県は、翌

1958 年に、大分・鶴崎工業地帯建設事務所を設置した。

○造成計画に対しては、当初、漁民が強い反対運動を起こした。「これに対して県側はねばり強く交渉し、1959 年 4 月までに 1 号埋立地の漁業補償については解決に至った」（56 頁）。その結果、1959 年秋に、1 号埋立地の造成が開始された。

○大分県は、大分鶴崎工業地帯造成と並行して、工場誘致活動を本格化した。1960 年にまとめた最終的な臨海工業地帯構想では、工場立地計画として、1 号地には石油精製、2 号地には石油化学、3・4 号地には鉄鋼、5 号地には一般化学の工場を誘致する方針を打ち出した。この方針にもとづき、九州石油、昭和電工、富士製鐵（新日本製鐵の前身）などの工場誘致に、大分県は尽力した。

○大分鶴崎工業地帯の造成に必要な資金を大分県独自の財政で賄うことは、不可能であった。したがって、「新産業都市建設促進法の地域指定のもとで事業実施を行うことが不可欠とされた」（60 頁）。

以上のように、大分県は、大分鶴崎工業地帯の造成のプロセスにおいて、中心的な役割をはたした。こうして、新産業都市の典型的な成功事例として、大分コンビナートは誕生したのである。

なお、三井不動産は、大分鶴崎工業地帯の造成にも参画した。前掲の『三井不動産四十年史』は、次のように書いている。

「大分県は、九州石油大分製油所や富士製鉄（中略）大分製鉄所の誘致に成功したのを機に、昭和 35 年（1960 年…引用者）大

分鶴崎地区における 640 万坪の臨海工場用地の埋立計画を実行に移した。(中略) 当社が大分県から受注した初期の鶴崎地区での主要な工事は、1 号地・2 号地 B 地区・5 号地の浚渫埋立工事であった。(中略)

　5 号地の工事は、典型的な県債引受け方式によって実行された (中略)。37 年 (昭和 37 年 = 1962 年…引用者) 6 月に当社は、5 号地の埋立事業資金を確保するため、大分県が発行する縁故事業債第 1 回分 4 億円の引受けを決定したが、さらに当社は 38 年 3 月にも第 2 回分 4 億 7,000 万円を引き受けた。そして県は、その代償として、37 年から 38 年にかけて 4 期にわたる 5 号地の埋立工事を、当社に一括特命発注した」(129 頁)。

　この記述からわかるように、大分県は、県債引受け方式という工夫を施すことによって埋立事業資金を調達するなどして、大分鶴崎工業地帯の造成したのである。

(3) 大分コンビナートでの取り組み

　造成された大分鶴崎工業地帯に形成された大分コンビナートでは、立地する企業・事業所により、様々な取り組みが重ねられてきた。大分県や大分市は、これらの取り組みを、直接、間接に支援してきた。2012 年に発足した大分コンビナート企業協議会が 2013 年に策定した「大分コンビナート競争力強化ビジョン　世界に羽ばたくハイクオリティコンビナートを目指して」では、2003 年以降に実施された以下の六つの取り組みを紹介している (16 – 19 頁)。

①大分エネルギーネット

　2003 年 12 月、大分コンビナート企業 17 社は、経済産

業省資源エネルギー庁が独立行政法人（現 国立研究開発法人）
新エネルギー・産業技術総合開発機構（NEDO）に委託して
行う「省エネルギー対策導入事業」の検討組織として、大分
コンビナート地区エネルギー共同利用推進協議会（通称「大分
エネルギーネット」）を立ち上げた。2004 年に調査事業が実施
され、大分コンビナートに対する複数の省エネルギーシステ
ム案の提案が行われた。

②大分コンビナート立地企業連絡協議会

　大分エネルギーネットの活動を踏まえ、大分県とコンビナー
ト企業とのあいだの包括的な連絡組織として、2004 年 12
月に大分コンビナート立地企業連絡協議会が設立された。同
協議会のもとにはまず規制緩和・特区分科会が、続いて競争
力強化検討部会が設置された。さらに、競争力強化検討部会
のもとには、ユーティリティ・人材育成・規制緩和・循環型
環境の四つの分科会が置かれた。大分コンビナート立地企業
連絡協議会は、発展的に解消して、2012 年 7 月に大分コン
ビナート企業協議会となった。

③構造改革特別区提案

　2003 年の国による構造改革特別区制度の開始を受けて、
大分コンビナートにおいても、大分コンビナート立地企業連
絡協議会の規制緩和・特区分科会を中心に準備を進め、
2005 年 11 月の第 8 次提案に 14 件の特区提案を行った。
その結果、翌 2006 年 7 月に特区対応として、特別管理産業
廃棄物の運搬に係るパイプライン使用要件の緩和を実現し
た。その後も、合計で 21 件の特区提案を行い、特区対応、

全国対応を含む13件を実現した。

④エネルギー使用合理化事業者支援事業

2005年に実施されたNEDOの「省エネルギー対策事業」について検討したことを契機にして、大分コンビナート各社は、省エネ効果の高い設備の拡充、整備に取り組み、それらのなかから4件が、2006年のNEDOの「エネルギー使用合理化事業者支援事業」に採択された。その後、2011年にも同事業（窓口はNEDOから環境共創イニシアチブへ変更）に採択され、コンビナート内の複数企業間で省エネ事業を実施した。

⑤エネルギー有効利用の基盤調査

2007年に経済産業省九州経済産業局により、大分コンビナートを一つの大きな工場として仮想したうえで、エネルギーの共有ポテンシャルを把握するとともに、省エネルギーシステム提案を検討する調査事業が行われた。調査の結果、理想的なユーティリティセンターを実現すれば、年間原油換算で36.6万kl相当の省エネが期待されることが判明した。

⑥海底パイプライン防護設備に関する調査

大分コンビナートでは、主要工場・事業所が立地する各号地が二つの1級河川と一つの泊地により隔てられており、そのことが、企業間連携を制約する物理的な障壁となっている。そこで、2011年に大分県が主導し、コンビナート内の企業が協力して、エネルギー・原料・製品等の融通と相互利用を活発化する海底パイプライン防護設備を敷設した場合を想定し、ルート選定や工法・工期・工事費・工事施行上の課題などについて調査、検討を行った。

（4）大分コンビナート企業協議会

　以上のような経緯をふまえて、大分県と大分市の全面的な支援のもと、2012 年 7 月に大分コンビナート企業協議会が発足した。同協議会は、翌 2013 年 2 月に「大分コンビナート競争力強化ビジョン [121]」を策定・発表した。

　この「大分コンビナート競争力強化ビジョン」の概要は、以下のとおりである [122]。

○目標：世界に羽ばたくハイクオリティコンビナートを目指して

　・多様な素材型産業の集積、恵まれた港湾、アジアに近いといった日本有数の立地環境を活かし、持続的発展が可能なコンビナートを目指す。

　・立地企業間の高度連携により、コンビナート全体としての最適化を実現し、強力な競争力を有したコンビナートを目指す。

○目指すべき将来像

　【ワンカンパニー】企業の枠を超え、コンビナート全体として最適化、効率化を実現。

　【資源・エネルギーの高度利用】企業間連携による、多様な資源・エネルギーの高度利用。

　【地域との共生・発展】地場企業との連携や産学官の連携

121）大分コンビナート企業協議会「大分コンビナート競争力強化ビジョン　世界に羽ばたくハイクオリティコンビナートを目指して」、2013 年 2 月。

122）同前 20 頁。

　　強化による地域との共生・発展。

【国内外から注目されるコンビナート】規制緩和や物流強
　　化が実現され、国内だけでなく海外からも注目される
　　コンビナート。

━━━━━━━━━━━━━━━━━━━━━━━

　大分コンビナート企業協議会の設立総会に出席した本書の共
著者の1人(橘川)は、『電気新聞』2013年4月16日付の「ウエー
ブ　時評」欄に、「大分コンビナートの可能性」と題する文章を
寄せたことがある。その内容は、およそ以下のとおりであった。

━━━━━━━━━━━━━━━━━━━━━━━

　2012年の7月、大分コンビナートに立地する10事業所
と大分県、大分市をメンバーとする「大分コンビナート企業
協議会」が発足した。筆者(橘川)は、この協議会設立総会に
顧問として出席するとともに、あわせて、新日本製鐵大分製
鐵所および昭和電工大分コンビナートを見学する機会を得
た。同協議会は、2013年2月には、「大分コンビナート競
争力強化ビジョン」を策定した。

　大分コンビナートは、2000年から始まった国のコンビ
ナート連携事業に、これまで唯一、参加したことがない。そ
の意味で統合が遅れたコンビナートであることは間違いない
が、一方で、高い競争力をもつことも見落としてはならない。

　第1に、水深豊かな別府湾に臨み、日本有数の港湾を有
することである。大分製鐵所には世界最大級の鉄鉱石船が、
JX日鉱日石エネルギー大分製油所には巨大タンカー
(VLCC)が、それぞれ直桟することができる。

　第2に、東アジアに近いという地の利をもつことである。大分は、東京・ソウル・上海から約 1,000km、北京・香港・マニラから約 2,000km、シンガポール・ジャカルタから約 5,000km の距離に位置する。

　第3に、工業用水が豊かなことである。大野川から取水する工業用水の給水能力は、日量 56 万 4,000m^3 に達する。

　第4に、コンビナートを構成する主要事業所が積極的に設備投資を行っていることである。世界最大級の高炉2基を擁する大分製鐵所では、2008 年に最新鋭の第5コークス炉が完成し、「世界トップクラスの省エネ製鉄所」という声価をさらに高めた。石油化学コンビナートでは、2010 年に設備更新を終えた1号エチレンプラントが、一際目立っていた。また、2011 年8月に新日鐵化学と昭和電工の共同事業会社として設立された NS スチレンモノマーも、スチレンモノマープラントを大改造中であった。このほか大分製油所でも、2006 年に RFCC（残油流動接触分解装置）を大幅増強している。

　このように大分コンビナートは、現状でも高い競争力をもっているが、統合が遅れていることが機会損失をもたらしていることも、冷厳な事実である。コンビナート高度統合は、(1) 原料の選択肢の拡張、(2) 留分の徹底活用によるコスト削減・高付加価値化、(3) 潜在化しているエネルギーの経済的活用などを通じて、構成事業所それぞれの競争力向上に貢献する。構成事業所間が「分断」されている大分コンビナートでは、これらのメリットが十分に発揮されていないのである。

　大分コンビナートの統合が進まない大きな理由は、主要な事業所が陸続きで立地しておらず、海で隔離されていることにある。大分県は、この問題点を解決しようとして、2011年度に事業所間を結ぶ海底トンネルのフィージビリティ・スタディを実施した。この海底トンネル建設が実現すれば、大分コンビナートの事業統合が大きく前進することは、間違いなかろう。

　大分コンビナート発展の可能性は、コンビナート内連携の進展だけに限定されない。現在、国のコンビナート連携事業は、コンビナート内連携からコンビナート間連携へと軸足を移しつつあるが、そのコンビナート間連携においてこそ、大分コンビナートの本領は発揮される。と言うのは、コンビナート間連携では、海運が重要な意味をもつのであり、良好な港湾を有する大分コンビナートは大きな役割をはたすことになるからである。しかも、コンビナート間連携は、国内のみにとどまらず、日韓連携も視野に入れている。そうなれば、韓国に近いという大分コンビナートの地の利にも、光が当たることになろう。

　この文章にあるように、2013年までの大分コンビナートの取り組みには、2000年から始まった国のコンビナート連携事業、つまり RING 事業の対象に選ばれたことがないという問題点があった。しかし、この問題点は、その後、解消されることになった。この点については、項を改めて論じよう。

（5）大分コンビナートの今後

　大分コンビナート企業協議会の 2019 年（令和元年）度通常総会に出席した本書の共著者の 1 人（橘川）は、『電気新聞』2019年 9 月 18 日付の「ウエーブ　時評」欄に、「大分コンビナートは今」と題する文章を寄せたことがある。ここで、その内容の一部を紹介しておこう。

　2019 年の 6 月、大分コンビナート企業協議会の令和元年度通常総会において、「コンビナートの国際競争力強化と大分への期待」と題する講演を行う機会を得た。同協議会では、2012 年の設立時から顧問をつとめさせていただいており、今回は通算 3 回目の年次総会での講演であった。（中略）

　大分コンビナートでは、これまで NEDO の「エネルギー使用合理化事業者支援事業」を実施するなど、省エネ面での事業連携には取り組んできた。しかし、「コンビナート・ルネッサンス」という言葉を生んだ RING 事業の対象に選ばれたことはなかった。

　この「空白状況」を打破したのは、JXTG エネルギー大分製油所と昭和電工大分コンビナートが連携して、2018 年度に開始した「石油精製燃料の高付加価値化事業」である。2020年度まで続くこの事業は、ポスト RING 事業に当たる国の「石油コンビナートの立地基盤整備支援事業」（CROS［石油供給構造高度化事業コンソーシアム］事業）に選定されている。

　具体的には、昭和電工の敷地内で、①プロピレン精留塔を増強するとともに、②エタンホルダーを新設する。①により、

昭和電工側はJXTGより供給されるプロパン／プロピレン混合物からのプロピレンの回収率を向上させることができ、JXTG側にとってはプロピレン回収後に返送されるプロパンの純度が上昇することで、製品プロパンとしての出荷が可能になる。また、②により、JXTG側は昭和電工のエチレン製造装置から発生するエタンを製油所内で有効活用することができ、昭和電工側はJXTGにおいて燃料として販売していたブタン留分をプラント内で処理し、石油化学製品を増産しうる。

　講演に先立ち昭和電工のプラントを見学させていただいたが、②のエタンホルダーの建設が着々と進んでいた。エチレンプラントのリニューアル、NSスチレンモノマーの発足を目の当たりにした時にも感じた点だが、昭和電工を中心とする大分石油化学コンビナートでは、訪れるたびに新陳代謝が進んでいることに感心させられる。

　今後、大分石油化学コンビナートとJXTG大分製油所とを結ぶ本格的な海底トンネルが建設されれば、事業連携は飛躍的に強化される。その日の到来に期待したい。

　この文章にあるように、JXTGエネルギー（現在のENEOS）大分製油所と昭和電工大分コンビナートが連携して2018年度に開始した「石油精製燃料の高付加価値化事業」がCROS事業に選定されたことによって、国のコンビナート連携事業の対象に選ばれたことがないという大分コンビナートが抱えていた問題点は、解消されることになった。大分コンビナートの取り組

みは、一歩、前進したのである。

　大分コンビナートは、今後、どのような歩みをたどるだろうか。鍵を握るのは、大分コンビナート企業協議会が 2013 年に策定した「大分コンビナート競争力強化ビジョン」が打ち出した四つの将来像、つまり、①ワンカンパニー、②資源・エネルギーの高度利用、③地域との共生・発展、④国内外から注目されるコンビナートを、どの程度実現できるかである。これらのうち④は、①〜③の結果次第である。①・②については、大分コンビナートの悲願とも言える各号地をつなぐ海底パイプラインが敷設されれば、飛躍的な進展をみせるだろう。また、③については、大分コンビナートが得意とする「省エネルギー」を地場企業や周辺地域に横展開すれば、道が開けるのではなかろうか。

第11章
新居浜

（1）新居浜コンビナートの歴史と概要 [123]

表Ⅱ－11 は新居浜コンビナートの歴史をまとめたものである。同地には製油所は立地しておらず、エチレン製造を行っていた時代には、瀬戸内海を挟んで対岸にある出光興産の徳山製油所（山口県）などから原料のナフサを船舶で輸送していた。また、他のコンビナートは三菱油化のように同系資本を結集したり、日本石油化学のように多様な企業へ誘導品を供給したりする形をとっていたのに対して、開設当時の住友化学のエチレンセンターは、(1)住友化学1社のみで構成（完結）されていた、(2)石油化学製品は高圧法ポリエチレン1種類のみに絞られ、ナフサ分解によって生産されるエチレン以外の留分はすべてアンモニアの原料として使用されていたという点で異色のコンビナートであった。

現在の中核的な事業所は、住友金属鉱山、住友化学、住友重機械工業の3社である。工業統計調査によれば2017年の新居浜市における製造品等出荷額は7,974億円、粗付加価値額は2,737億円、事業所数は197、従業者数は9,478名である。

---

123) 特記のない場合、本節は稲葉和也・橘川武郎・平野創『コンビナート統合』化学工業日報社、2013年、224－227頁の記述に基づいている。

表Ⅱ－11　新居浜コンビナートの歴史

年	事　項
1913	住友総本店の直営事業として愛媛県新居浜に肥料製造所を設置
1925	株式会社住友肥料製造所として独立新発足（現在の愛媛工場）
1930	アンモニア、硫安の生産設備が完成
1934	商号を住友化学工業株式会社に商号変更
1946	日新化学工業株式会社に商号変更
1951	塩化ビニル樹脂の生産設備が完成
1952	住友化学工業株式会社に商号復帰
1958	愛媛工場で、エチレン（年産1.2万トン）および誘導品の生産を開始し、石油化学部門へ進出
1962	ポリプロピレンの生産開始
1963	帝人、呉羽紡績とともにカプロラクタムの生産を行う「日本ラクタム」を設立
1964	エチレン生産能力を年産8.4万トンに増強
1966	エチレン年産4万トン設備を新設
1967	住友千葉化学（現在の住友化学千葉工場）にてエチレン生産を開始
1979	大江第2エチレン工場、ポリエチレン第1・第3系列操業休止
1981	愛媛地区石油化学事業再編合理化計画方針の決定
1982	新居浜市、「工場立地促進条例」を制定
1983	愛媛工場のエチレンプラントおよび一部の誘導品の生産を休止し、千葉工場へ生産集中
1985	アンモニア製造設備停止
	メチオニン生産開始
1987	新居浜市、「新居浜市企業誘致促進条例」を制定
2009	愛媛工場から大江地区を独立させ大江工場を設立
2010	新居浜市、「新居浜市ものづくり産業振興ビジョン」策定

出所：住友化学編『住友化学株式会社社史』2015年、新居浜市「新居浜市ものづくり産業振興ビジョン（改訂版）」2016年より筆者作成

出荷額と付加価値額はともに全国85位、1人当たりの出荷額は全国38位、同付加価値額で全国33位と健闘している。同地の住友化学の事業所は、愛媛工場（新居浜地区・菊本地区）、大江工場に分かれている。大江工場は2009年に愛媛工場大江地区から独立したものである。いずれも愛媛県新居浜市に立地し、西側から愛媛工場新居浜地区（約195万m²）、大江工場（約46万m²）、愛媛工場菊本地区（約123万m²）となっている[124]。新居浜市の税収のうち住友化学グループからの納税額が15〜20%を占めており、財政面でも地域に大きな貢献をしている[125]。

　歴史をたどれば、新居浜は住友グループならびに住友化学の発祥の地であり、住友化学は新居浜にある別子銅山から排出される亜硫酸ガスを利用した肥料製造事業から始まった。住友家が経営する別子銅山から産出される銅鉱石はその約40%が硫黄分であるため、精錬時に亜硫酸ガスが生じ、農作物に被害を与えるなどの煙害が問題となっていた。解決策として、亜硫酸ガスを硫酸として回収し過燐酸石灰を製造し、この過燐酸石灰・配合肥料の生産・販売を行うため1913年に住友肥料製造所が別子鉱業所内に置かれた。その後、1925年には株式会社住友肥料製造所となり、1930年には原料としてより多く硫黄を消化する製品である硫安を製造するためにアンモニア・硫安の工場も完成した[126]。また、1936年にはアルミニウムの製錬も新居浜地区で始まり、同事業は住友化学を中心に行われていた。

124）住友化学ホームページ「バーチャル工場見学」。https://www.sumitomo-chem.co.jp/ir/individual/factory/。
125）2006〜2010年の納税額。住友化学愛媛工場へのヒアリング（2012年3月28日）に基づく。

しかし、同事業は円高等により国際競争力を失ったことから1986年に住友化学は事業撤退し、現在は高純度アルミナなど川下の高付加価値製品のみを生産している。

　第二次世界大戦後に住友化学は石油化学事業に進出し、その生産拠点が置かれたのも新居浜であった。住友化学はアンモニアの生産コスト削減のため新たなガス源をエチレンに求め、石油化学第1期計画の一員として1958年3月にエチレンセンターの操業を開始した。三井石油化学の岩国工場に続く、わが国で2番目のエチレンセンターであった。エチレン設備は現在の大江工場に建設され、当初のエチレン生産能力は年産1.2万トンであった。

　愛媛地区における同社の石油化学事業は、高度経済成長期に成長・拡大を続けた。高圧法ポリエチレンの需要は当初の予想を上回る伸びを示し、エチレン生産能力と高圧法ポリエチレン生産能力の増強が続けられた。1961年以降、パークロルエチレン、ポリプロピレン、アクリロニトリル、芳香族などエチレン系以外の誘導品へも進出していった。一方で、新居浜は大市場である関東から遠く、原料面でも製油所と直結していない等の問題があったため、住友化学は第2の生産拠点として1967年に千葉地区へも進出していった。それでも1970年代には、

126）硫安は通常21%前後の窒素を含む化学肥料であり、アンモニアと硫酸を反応させて作る。硫安は過燐酸石灰に比べてトン当たり2倍の硫酸を使用する。この当時、住友肥料製造所では別子銅山から産出される硫黄量の6%しか消化できておらず、煙害問題解決のためにはさらに硫酸を消化する必要性があった（住友化学工業株式会社編『住友化学工業株式会社史』1981年、38-40頁）。

新居浜地区に新たにエチレン年産 30 万トン設備を建設する計
画も存在していた。

　しかしながら、石油危機以降が発生し石油化学業界が構造不
況に陥ると状況が一変し、新居浜でのエチレン製造が終焉を迎
える。1967 ～ 72 年にかけてエチレン年産 30 万トン設備が日
本各地で操業を開始する中で、愛媛地区のエチレン製造設備は
2 系列とも年産 7 万トン規模に過ぎず急速にコスト競争力を
失った。収益面でも愛媛工場は 1975 年以降赤字となり 1981
年度には大幅な赤字を計上した [127]。そこで、住友化学は愛媛
地区のエチレン製造を取りやめ、石油化学事業を千葉地区に集
約することを自ら決定したのである [128]。その後、この愛媛地
区のエチレン製造設備は産業構造改善臨時措置法（以下、「産構
法」と略す）によって、正式に設備廃棄されることになる。エチ
レンセンターがエチレン製造から撤退したのは、この住友化学
愛媛工場が国内初であった。

（2）住友化学による愛媛地区の事業再構築 [129]

　1981 年に住友化学は愛媛地区石油化学事業再編合理化方針
を決定し、新事業の導入と有望製品の競争力強化を中心とする
「愛媛地区再構築計画」を立案した [130]。愛媛地区特有の既存原
料を活用する形で、新居浜地区は新製品への進出とともに既存

127）「現地ルポ・コンビナート再編（1）住友化学の決断」『日経産業新聞』1982 年 5 月 18 日付、
　　 15 面。
128）「住化、新居浜工場を閉鎖」『日本経済新聞』1982 年 4 月 17 日付、1 面。
129）特記がない限り、本節の記述は住友化学工業編『住友化学工業最近二十年史』1997 年、
　　 142 – 147 頁に基づく。

製品の拡充によるファイン化率の向上、石油化学センターで
あった大江地区はエレクトロニクス関連を中心とした新規製品
のセンターへ、菊本地区は塩素系製品の拡充に取り組むことに
なった。再構築計画では、愛媛地区全体で年間100億円の利
益確保、従業員1人当たり年間1億円の生産額達成を目指す
「E－101作戦」、同時に新製品を25％創出し、ファイケミカ
ル製品の比率をこれまでの10％から30％に高めるという目標
も設定された。

　より詳細に愛媛工場の各地区における取り組みをみれば、新
居浜地区ではファインケミカル製品の設備の新設と既存の拡充
がなされた。1980～85年にかけて1－アミノアントラキノ
ン設備（染料中間体）、フェニルヒドラジン設備（医薬品、写真薬
等の原料）、スミタードXL設備（ゴム薬品）、ポリアクリルアマ
イド設備（水処理薬）、ターシャリブチルアミン設備（ゴム薬品原
料）、インターフェロン設備（医薬品）が新設されるとともに、ア
ニリン設備（染料、ウレタン等の原料）、アジピン酸設備（ナイロン
樹脂原料等）、メチオニン設備（飼料添加物）、精アクリル酸設備（吸
水性樹脂等の原料）の既存設備が拡張された。また、新用途開発
に成功し需要が堅調に増加していたMMA樹脂が愛媛地区再
構築の柱として位置づけられ、MMA樹脂に関係する成形材
料設備など各種設備の新設や増設が続いた。エチレン製造設備
が立地していた大江地区は、エレクトロニクス関連製品の生産

130）住友化学愛媛地区の再構築に関しては、平野創「化学産業のオーラル・ヒストリー：小林昭
　　生②」『成城大学・経済研究』第229号、2020年が詳しい。

拠点に転換された。1982 年にエポキシ樹脂設備（同製品は需要が大幅に増加することで 3 次にわたる設備増強がなされた）、1983 年には炭素繊維プリプレグ、1985 年に光ディスク、1986 年に EL ランプなどの設備が次々と建設された。菊本地区では、ウレタン原料の MDI の増強、医農薬原料の製造が開始された。

　こうした新規の生産設備拡充とともに、雇用問題や地域経済にも配慮しながら人員の再配置等も実施された [131]。人事部の中に愛媛地区の人員再配置を専門とする第 2 人事部を設置し、従業員の一部を住友化学の千葉工場など他の生産拠点や子会社に転じさせていった。家業の都合等で遠方への異動が困難である社員のために、新居浜近郊の自動車や電機関係の企業へも住友化学からの出向社員の採用を依頼した。また、外部に出向した社員の子息は住友化学で優先的に採用を検討するなど総合的な対策を講じた。協力会社の一部は千葉へと転じ、地元で他の業態へ転換するものも存在した。このように地道に雇用面での対策を講じていったのである。なお、最盛期には 7,000 名超の従業員が在籍した愛媛工場は、2018 年 4 月 1 日現在では愛媛工場 1,189 名、大江工場 349 名、関連会社である住化アッセンブリーテクノ 827 名となっている [132]。

　1980 年代の事業再構築ののちにも若干の生産品目の変化が見られるものの、現在も愛媛地区は住友化学における高付加価

131）特記のない限り本段落に関しては、当時住友化学の企画部長であり、愛媛地区の再構築にも携わった小林昭生へのヒアリング（2019 年 7 月 24 日）および平野（2020）に基づく。

132）稲葉・橘川・平野前掲書 227 頁、住友化学「愛媛工場・大江工場のレスポンシブル・ケア活動　環境・安全レポート 2018」2018 年、2、4 頁。

値製品の製造拠点として存続している[133]。新居浜地区では、アクリロニトリル、カプロラクタム、アニリン、メチオニンなどのアンモニア系バルク製品、肥料、石油系バルク製品であるMMAモノマー、事業開始当時から継続している硫酸、硝酸などの基幹原料、機能性樹脂原料や医農薬原料などのファイン製品、メタクリル樹脂などのポリマー製品を生産している[134]。特にメチオニンに関しては、2000年代初頭にメチオニンを低コスト生産できる技術を開発し[135]、愛媛工場において設備の増強が続き2018年には生産能力が年産25万トンとなった[136]。また、大江工場は、大型テレビやスマートフォン等向けの偏光フィルムや電気自動車等用途のリチウムイオン二次電池用セパレータ等を製造する情報電子部材等の生産拠点となっている。大江工場に併設される形で研究開発機関である「デバイス開発センター」も設けられている。こうした研究機関が隣接しているのも大江工場の強みとなっている[137]。なお、電子材料はライフサイクルが短いため、大江工場で生産する製品もそれに応

---

133) 住友化学愛媛地区の歴史、現状等に関しては、稲葉・橘川・平野前掲書224–234頁が詳しい。

134) 本段落の各地区の現況については、住友化学ホームページ「バーチャル工場見学」（https://www.sumitomo-chem.co.jp/ir/individual/factory/）を参照。

135) 「住友化学、飼料用添加物を増産、愛媛工場に150億円投資」『日本経済新聞』2003年6月4日付、13面。

136) 住友化学「飼料添加物メチオニン新プラントが完成：愛媛工場で竣工式を開催」プレスリリース2018年10月4日、2018年。しかし、現在は価格競争等の激化により、一部の旧式設備の運転を休止している（住友化学「飼料添加物メチオニン事業の競争力強化について」、プレスリリース2019年10月1日、2019年）。

137) 「住友化学愛媛工場（新居浜市）」『日本経済新聞』2005年10月5日付、12面（四国地方経済面）。

じて変化している。例えば、1980年代の事業再構築の際に生産を開始したエポキシ樹脂や光学ディスクはすでに生産を終え、カラーフィルターは生産を海外に移管した。さらに菊本地区では、アルミ・アルミナ関係の製品とアルミとともに発展した塩素系製品を主に生産している。

（3）新居浜市ものづくり産業振興ビジョン

愛媛県の新居浜市においては、住友化学のエチレン製造停止に前後して1982年から産業振興と雇用促進を図るために「工場立地促進条例」を制定し、企業誘致に努めている。その後、1987年には「新居浜市企業誘致促進条例」も制定し、同条例は2002年に改定され新たに「新居浜市企業立地促進条例」となり、直近では2016年にも改定されるなど現在まで継続している[138]。同条例では企業立地奨励金（新居浜市への事業所の新設、増設、または移転：限度額5億円）、新規事業促進奨励金（市外からの新設または新たな事業展開に伴い増設、移転したとき：限度額1億円）、成長分野促進奨励金（環境・エネルギー、 先端部素材、医療・介護・健康等の成長分野に関連する事業の展開に伴う企業の立地をしたとき：限度額2億円）、雇用促進奨励金（企業立地に伴い新規市内雇用従業員を5人以上、1年以上雇用したとき：限度額5,000万円）、用地取得奨励金（限度額3億円）が設定された[139]。同条例による奨励金を活用して多くの企業が新居浜市に進出した。2004〜14年度にかけての交付実績を概観すれば、投下資本

138）新居浜市「新居浜市ものづくり産業振興ビジョン（改訂版）」2016年、42頁。
139）同前43－44頁。

額はこの期間の総額が 1,847.1 億円（年平均 167.9 億円）に達し、それに対応した奨励金の総額は 26.0 億円（同 2.4 億円）、うち企業立地奨励金は総額で 17.0 億円（同 1.5 億円）、対象件数は総計 95 件（同 8.6 件）であった。また、同市と同市に製造拠点を置く企業、経済団体が官民一体となって地域のものづくりの技能レベル向上を目指す取り組みもみられる [140]。「新居浜市ものづくり産業振興センター」が開設され、同センターや「東予産業創造センター」（1990 年設立）などによる人材育成の仕組みが整備された [141]。

　2010 年に新居浜市は「変化に対応し、創造と活力にあふれるものづくりのまち新居浜」を将来像に掲げ、「新居浜市ものづくり産業振興ビジョン」（計画期間 10 年）を策定した。同ビジョンでは、新居浜市のものづくり産業の課題とめざす展開方向として、(1) 地域産業を牽引する住友グループ企業の継続的な操業、(2) 地域中小企業の技術力維持・向上、(3) 地域中小企業の商品開発力や営業力の向上、(4) 少子高齢化、人口減少への対応を指摘し、その上で住友諸企業が立地する地域の特徴を生かす、地域の製造業の競争力強化を支援する、人口減少社会における課題に対応することが基本的な方針として示された [142]。それら基本方針に従う形で、前半期 5 年に取り組むべき具体的なアクションプラン・具体策を策定している。それらは大分

---

140)「新居浜市、ものづくり伝承へ拠点、旋盤や研削、産官で協力、来年開設」『日本経済新聞』2010 年 9 月 1 日付、12 面（四国地方経済面）。
141) 新居浜市ものづくり産業振興センターホームページ（http://niihamagenki.jp/）を参照。
142) 新居浜市前掲資料 42 頁。

類 5 区分、アクションプラン 19 項目、具体策 45 項目から構成され、ビジョン策定から 5 年後に中間評価と見直しが実施された [143]。

中間評価を踏まえて 2016 年に改定された産業振興ビジョンでは、アクションプランの策定の前提として、(Ⅰ)企業城下町としての視点、(Ⅱ)地域基盤産業(製造業等)に対する視点、(Ⅲ)社会構造の変化(人口の減少等)に対する視点の三つの視座が設定された [144]。コンビナートに関連する事項である「企業城下町としての視点」についてより詳しく言及すれば、住友諸企業を中心にその下請け・協力会社も含め事業活動が活発になることで地域産業の活性化を実現することを企図している。目標として、市内製造品出荷額等を 2019 年度に 7,000 億円(基準値は 2013 年度の 6,582 億円)、市内従業者数を 54,100 人(基準値は 2012 年度の 54,020 人)、企業立地奨励金の対象となる設備投資額 160 億円(基準値は 2014 年度の 155 億円)とすることが掲げられた。

そして、(Ⅰ)に対応するアクションプランとして、①住友諸企業との意見交換:トップマネジメントによる企業経営者等との情報交換、実務者レベルでの情報交換、②インフラ整備、規制緩和:高速インターチェンジから工業集積地区へのアクセス道路や公共埠頭の整備、経済特区を活用した新事業展開への支援、③設備投資、雇用の促進:既存企業の再投資への支援(企

---

143) 同前 39 − 40 頁。
144) 同前 69 − 83 頁。

業立地促進条例に基づく奨励金制度の継続・拡充）、エネルギー関連事業への取り組み支援、雇用情報の収集・発信の強化、④地域協力企業の強化・育成：製品化（良品化）率向上に向けた取り組み（品質向上活動の支援）の実施、プラントメンテナンス技術者養成講座の推進、市内大手企業とのマッチング事業（シーズ展示会等）、地域内調達率向上に向けた取り組みの推進が設定されている。

　最後に直近の状況について述べれば、新居浜においてはエネルギー関係の投資も進んでおり、同地では今なお変革が進みつつある。住友共同電力は新居浜市にある住友化学の愛媛工場で出力約 15 万 kW の天然ガス火力発電所を建設中である [145]。そして、四国電力、住友化学、同子会社の住友共同電力、東京ガス子会社の東京ガスエンジニアリングソリューションズ、四国ガスの 5 社は、共同出資で新会社「新居浜 LNG（仮称）」を設立し、2022 年の操業をめざし 400 億円を投じて LNG 基地を住友化学愛媛工場内に建設中である。外航船が着岸できる海上バース、気化器、ローリー出荷設備を整備し、LNG タンクは四国最大の 23 万 kl となる予定である。

145）「LNG 新会社、4 月メド、四国電など 3 社、新居浜に基地、400 億円投資」
　　『日経産業新聞』、2018 年 2 月 9 日付、7 面。

第 III 部

地方創生とコンビナート

第12章
本書が明らかにしたもの

　本書は、稲葉和也、平野創、橘川武郎の三人が刊行する3冊目の共著書である。1冊目は2013年刊の『コンビナート統合』、2冊目は2018年刊の『コンビナート新時代』、そして『コンビナートと地方創生』と題するこの3冊目が世に出たのは、2020年のことである。

　全国で唯一、複数のコンビナートが存在した山口県の大学で教鞭を執る稲葉が、コンビナート研究を志向するのは、当然の帰結と言える。化学産業の研究者である平野の目は、自然と、同産業のなかで大きなウエートを占める石油化学産業に向かう。エネルギー産業の研究に携わる橘川は、分析対象として、1次エネルギー構成で最大のシェアを誇る石油を取り上げざるをえない。日本のコンビナートの主役は石油化学プラントと製油所であるから、それぞれコンビート、石油化学産業、石油産業を専門分野とする三人の経営史家が、共同研究の道を歩むことには、一種の必然性が作用したのである。

　3冊の著作は、いずれも化学工業日報社から出版され、「コンビナート三部作」と銘打たれていることからもわかるように、強い関連性を有している。1冊目でコンビナートの内部で生じている新しい動きに光を当てた三人の共著者は、2冊目ではそのコンビナートが時代の流れのなかで大きな変容をとげつつあ

ることに気づかされた。その変容は、コンビナートの内側のみにとどまるものではなく、外側の世界をも巻き込むものであった。「外側の世界」のなかで、最も大きな影響が生じている空間は、コンビナートが立地する周辺の地域である。そうであるとすれば、研究の針路は、コンビナートと周辺地域との関係の解明に合わせなければならない。その周辺地域の多くは、人口減少時代に直面して、必死の想いで「地方創生」に取り組んでいる。このような事情をふまえて、三人の共著者は、『コンビナートと地方創生』と題する本書の刊行を決めたのである。

　本書は、コンビナートとその周辺地域との関係について、何を明らかにしたのだろうか。第Ⅰ部第1章では、コンビナートと地域経済との関連について検討した。そこでは、日本の現状に関して、以下のような諸事実が明らかになった。

- コンビナートを構成する産業が、日本全体の出荷額や付加価値生産額において、大きな地位を占める。
- コンビナートが所在する府県は、工業出荷額や1人当たり付加価値生産額の面で、全都道府県中上位を占める。
- エチレンセンターが存在する（存在した）市町村、ないし製油所が存在する市町村の1人当たりの付加価値生産額は高い。
- コンビナートが立地する市町村は、同一県内の他の市町村と比べて、財政力指数が高い。つまり、税収の面でもコンビナートは、地元自治体にメリットを生む。
- 2006〜2017年の時期にコンビナート地域では、石油産業や化学工業を含む諸産業の業容が堅調に推移した。

これらの事実から、経済面でコンビナートがその周辺地域に大きく貢献していることは明らかである。

　本書の第Ⅰ部第 2 章では、コンビナートと地元の地方自治体との関係について掘り下げた。そこでまず光が当てられたのは、多くの日本の地域社会が人口減少に直面しているという厳しい現実である。各々の地方自治体は、人口減少をいわば「所与の条件」とし認識したうえで、少しでも多くの住民が地元で生活を営むことができるよう、量と質の両面に気を配りつつ、雇用を維持・創出してゆかなければならない。しかもその際、他の地域で成果をあげたからといってその方式を模倣するだけでは不十分であり、当該自治体に固有の資産を活かして、固有のアプローチで取り組むことが求められる。このような「至難の業」に挑戦する自治体にとって、豊富な資産を有し、多様なアプローチを可能にするコンビナートは重要な武器になる。これが、第Ⅰ部第 2 章が発したメッセージである。

　これらの第Ⅰ部の議論をふまえて、第Ⅱ部では、全国の各地域に目を向け、ケーススタディを行った。具体的に検討したのは、コンビナートの中枢設備であるエチレンセンターが現存する鹿島、千葉、川崎、四日市、堺・泉北、水島、周南、大分の 8 地域と、かつてエチレンセンターが存在していた新居浜とである。

　ここでは、第Ⅱ部での発見事実を繰り返し要約することはしない。その代わりに、以下の部分で、発見事実から析出される主要な命題を整理することにしたい。

第13章
人口増加時代の地方創生とコンビナート

　コンビナートは、その誕生の瞬間から地方創生とかかわっていたと言える。2008 年まで続いた日本の人口増加時代においては、地方創生とコンビナートとの関係はいかなるものだったのだろうか。時系列に即して整理すると、以下の 3 点を指摘しうる。

　第 1 は、もともとコンビナートが地方創生の「切り札」として形成され、実際に日本経済の高度成長の「申し子」として、地元経済の発展に大きく貢献したことである。

　ともに海軍燃料廠だった四日市と徳山（周南）、戦前から民間主導で工業地帯としての造成が進んでいた川崎のように、コンビナートの地元のなかには、第二次世界大戦以前にそのルーツを求めることができる地域もある。しかし、それらの地域でも、戦時中に徹底的な空襲によって大きな被害を受けたことなどにより、本格的なコンビナートの形成は戦後を待たなければならなかった[1]。

　鹿島、千葉、堺・泉北、水島、大分では、1950 年代以降、

---

1)ここで列挙した地域以外でも、岩国（山口県）と新居浜（愛媛県）には、かつてエチレンセンターが稼働していた。このうち岩国には、第二次世界大戦以前に陸軍燃料廠が存在したし、新居浜では、戦前から住友系企業が事業を展開していた。しかし、これら両地域の場合も、コンビナートが形成されたのは、戦後のことである。

土地の造成や港湾の開発をともなうコンビナートの形成が進んだ。なかでも鹿島は、土地造成や港湾開発の着手が 1960 年代にずれ込み、「最後のコンビナート」として産声をあげることになった。

　日本経済の高度成長は 1950 年代半ばに始まり 1970 年代初頭まで続いたが、コンビナートは、途中から戦列に加わった鹿島なども含めて、高度成長の牽引車としての役割をはたした。そのプロセスでコンビナートが地元経済の発展に大きく貢献したことは、言うまでもない。

　日本は海に囲まれた島国であるから、臨海コンビナートを建設することが可能な候補地は、多数に及んだ。そのなかで、特定の地域にだけコンビナートが成立したのは、なぜだろうか。この問いに対する答えは、コンビナートの地元の地方自治体やその首長が強烈なリーダーシップを発揮したことに求めることができる。

　戦前のルーツが希薄な五つの地域について、このことを確認しておこう。鹿島では岩上二郎茨城県知事（当時、以下同様）が、千葉では友納武人千葉県副知事（のちに知事）が、堺・泉北では大阪府が、水島では岡山県が、大分では大分県がコンビナート形成の旗振り役となった。

　コンビナートの形成は、立地地域の住民の暮らしや産業のあり方を大きく変えるインパクトをもつ。したがって、それに対しては様々な異論、反対意見が生じることになったが、地元自治体やその首長たちは、コンビナートがもたらす経済効果を強調し、それが地方創生の切り札となることを力説したのである。

　第 2 は、それでも立地地域の住民や一次産業従事者のコンビナートへの異論、反対意見は消滅することなく、やがて 1960 年代末葉以降の時期には公害反対運動の高揚をもたらしたことである。

　四日市コンビナートが「4 大公害裁判[2]」の現場の一つとなったことは、それを象徴する出来事であった。これらの裁判では、いずれも、原告・住民側が勝訴した。

　公害反対運動の活発化やそれと結びついた環境保全意識の高まりのなかで、それまでのようなやや強引なコンビナート開発方式は、根本的な出直しを迫られるにいたった。千葉県と三井不動産が進めた「出洲方式」が、1973 年の公有水面埋立法の改正によって継続不可能となったことは、その端的な事例と言える。

　コンビナートへの逆風に拍車をかけたのは、1973 年の第一次石油危機を契機にして日本経済の高度成長が終焉し、コンビナートが地元にもたらす経済効果にかげりが生じたという事情である。少々大げさな言い方をすれば、1970 年代の二度の石油危機以降、わが国のコンビナートは、長い「冬の時代」を迎えることになったのである。

　ただし、ここで特筆すべきは、この時代にコンビナートを構成する各企業が、公害防止対策を強化した事実である。やがて、それは、受動的な公害防止から能動的な環境保護の域にまで及

2）熊本県の水俣病訴訟、富山県のイタイイタイ病訴訟、新潟県の新潟水俣病訴訟、および三重県の四日市公害訴訟をさす。

ぶようになり、この面でのコンビナートへの社会的批判は、徐々に沈静化していった。

　第3は、21世紀にはいって、「コンビナート・ルネッサンス」という言葉が登場したことからわかるように、コンビナートに対する再評価が進んだことである。

　コンビナート・ルネッサンスへの転換が始まる起点となったのは、2000年に石油コンビナート高度統合運営技術研究組合（RING）が発足したことである。それを契機にして、全国的にコンビナート統合が進展するようになった。コンビナート統合は、①「原料使用のオプションを拡大することによって、原料調達面での競争優位を形成する」、②「石油留分の徹底的な活用によって、石油精製企業と石油化学企業の双方が、メリットを享受する」、③「コンビナート内に潜在化しているエネルギー源を、経済的に活用する」などのメカニズムを通して、統合参加企業の高付加価値化や国際競争力強化に貢献した[3]。

　1990年代初頭のバブル景気の崩壊以降、日本経済の低迷が長期化し、それが地域経済にも悪影響を及ぼすなかで、コンビナートがもたらす経済効果の堅調な推移は、徐々に周囲の注目を集めていった。そして21世紀にはいると、地元の地方自治体が「新たな地方創生の拠りどころ」としてコンビナートを再評価するようになり、「エネルギーフロントランナーちば推進戦略」（2007年）のような地域とコンビナートとの連携を図る将来ビジョンが登場するにいたった。

3）稲葉・橘川・平野前掲書14-15頁参照。

　コンビナートへの社会的な再評価が進んだ背景には、環境保全ための諸施策が成果をあげたという事情も存在した。かつての「公害の元凶」という悪評は後景に退き、工場の景観を愛好する「工場萌え」現象が定着して、全国のコンビナートは夜景の観光名所にさえなったのである。

　このように、人口増加時代の地方創生とコンビナートとの関係は、二度にわたって大きく変転した。両者の関係については、1950 年代〜1960 年代の「緊密」→ 1970 年代〜1990 年代の「疎遠」→ 2000 年代の「緊密」と、概括することができる。

第14章
人口減少時代の地方創生とコンビナート

2008年をピークに日本の人口が減少に転じると、地方創生とコンビナートとの関係は、緊密度を増した。人口減少の開始によって地方経済の疲弊が深刻化するなかで、堅調な業容を維持するコンビナートの価値を再評価する動きが、地元の地方自治体のあいだに広がっていったのでる。

そのことは、地元自治体の積極的な関与によって、コンビナートに力点を置いた将来ビジョンがあいついで策定された事実からも確認できる。「大分コンビナート競争力強化ビジョン」（2013年）、「明日のちばを創る！産業振興ビジョン」（2014年）、「倉敷市商工業活性化ビジョン」（2014年）、「鹿島臨海工業地帯競争力強化プラン」（2016年）、「臨海部ビジョン〜川崎臨海部の目指す将来像〜」（2018年）、「平成30年度四日市コンビナート先進化検討会報告書」（2019年）などが、それである。このほか、岡山県のリーダーシップによって、2011年には、「ハイパー＆グリーンイノベーション水島コンビナート総合特区」が、地域活性化総合特区に指定された。

2010年代に策定された一連の将来ビジョンの一つの特徴は、コンビナートと周辺地域との連携を強く打ち出した点に求めることができる。この方向性は、2007年策定の「エネルギーフロントランナーちば推進戦略」においてすでに指し示されて

はいたが、それがより徹底されたと言える。コンビナートの将来像は、周辺地域のまちづくりと結びつけて、語られるようになったのである[4]。

2010年代のコンビナートでは、東日本大震災を始めとする災害の多発を受けて、強靭化対策が進められた。それは、周辺地域を含めた防災施策の一環として位置づけられた。この点からも、コンビナートと周辺地域のつながりの強まりを、確認することができる。

人口減少時代にはいって、コンビナートが地方創生の拠点として脚光を浴びるようになったのは、その高付加価値性が再評価されたからである。したがって、各コンビナートには、高付加価値性のいっそうの錬磨が求められるようになった。稲葉・平野・橘川前掲書（『コンビナート新時代』）において我々が必要性を強調したIoT・AIの駆使、水素の利活用、コンビナート間連携という三つの新しい方向性は、まさにコンビナートの高付加価値性に磨きをかけるための方策だと言ってよい。

コンビナートを個別に検討した本書の第Ⅱ部では言及することができなかったが、上記のコンビナート間連携に関連する最近の注目すべき動きとして、定期修理時期の平準化がある。石油化学工業協会（石化協）が事務局をつとめた定期修理研究会[5]

---

4)この点に関連して想起すべきは、2015年に、周南コンビナート内で発生する水素を供給源にして、周南市地方卸売市場内に燃料電池フォークリフトも使用可能な水素ステーションが開設されたことである。4大都市圏以外での先駆的事例となった同ステーションの開設は、コンビナートの地元だからこそ実現した。以上の点については、稲葉・平野・橘川前掲書114 - 117頁参照。
5)本書の共著者である橘川武郎はこの定期修理研究会の座長、平野創は同委員を、それぞれつとめた。

は、2019 年 12 月、「今後の定期修理の在り方に関する報告〜
保安を確保し働き方改革の関連法令を順守するために〜[6]」を
取りまとめ、経済産業省に提出した。この件について、2020
年 2 月 13 日付の『化学工業日報』に掲載された社説「定修に関
する規制改革を推し進めよ」は、以下のように述べている。全
文を引用しよう。

　「石油化学コンビナートの定修時期の平準化を目的とする
ガイドラインを、石油化学工業協会など 6 団体[7]による『定
期修理研究会』が作成した。定修日程調整のためメンテナン
ス工事業者団体、化学品ユーザー業界団体などで構成される
『定修会議』を設置し、2023 年度の実施を目指して 2020 年
4 月から作業に入ることになった。定修時期の標準化は人手
不足、工事品質の確保の観点から、石化協、日本メンテナン
ス工業会が強く求めていた。定修研究会は定修日程調整を実
効あるものとするために規制改革を求めている。民間側から
投じられたボールを、行政はしっかりと受け止める必要があ
るだろう。
　石化コンビナートの定修は春と秋に集中し、定修が多いメ
ジャー年と少ないマイナー年を毎年繰り返す。とくに 20 年
度は 4 年に一度の大定修年に当たり、一時期に大量の作業

---

6)石油化学工業会ホームページ、「今後の定期修理の在り方に関する報告」、2019 年 12 月 25
　日、参照。
7)日本化学工業協会、石油連盟、日本メンテナンス工業会、日本非破壊検査工業会、日本プラス
　チック工業連盟、および石油化学工業協会。

員動員が必要になることが、製造業一般の人手不足とは性格を異にする。加えて2019年度から始まった働き方改革にともなう残業時間の上限規制は、短期集中で取り組まねばならない定修工事を、従来のやり方では実施困難にしている。建設業であるメンテナンス業には5年間の猶予が認められているが、非破壊検査業には、この例外措置の適用はない。

　定修研究会がまとめた報告書には、日本の石化コンビナートの定修とアジアの石化製品市況の相関関係にも触れており、定修時期の分散化はユーザー業界にも利益がある。

　報告書は今後取り組むべき課題として定修にかかわる規制改革を掲げている。具体的には、日程調整に参加する石化会社および誘導品会社の不利益を回避するために一定期間内で保安検査を実施する場合には保安許可日を変更しない運用、および残業時間の上限規制を順守するために電子媒体での図面提出など行政手続きの簡素化や土日祝日にも行政事務を行う臨時開庁制度の導入を求めている。

　定修研究会にはオブザーバーとして経済産業省も参加しており、規制改革を求める意味はよく理解しているはずだ。定修研究会は独占禁止法に抵触しないよう公正取引委員会とも連絡を取りながら報告書、ガイドラインをまとめた。この労に報いるためにも行政の早急の対応を期待したい。

　報告書ではコンビナート地域での課題についても触れた。石化会社、メンテナンス・検査会社は、デジタル技術を活用した各種手続きの簡素化、安全教育の共通化などにより、定修作業の効率化を図らなくてはならないとしている、官民連

携した会議体の創設が求められる」。

　この定期修理時期平準化の動きは、広い意味でのコンビナート間連携だととらえることができる。それは、産業保安の確保や働き方改革の推進だけでなくコンビナートの付加価値生産性の維持・向上にも資するものであり、地元自治体が推進する地方創生にも貢献する意味合いをもつとみなすことができる。

第15章
新陳代謝と持続可能性

　本書の第Ⅰ部第1章で析出したように、「2006〜2017年にかけてのコンビナート地域においては、石油や化学といった重化学産業はいずれの地域においても堅調であった」。日本全体が人口減少時代にはいって地方経済の疲弊が深刻化したにもかかわらず、石油精製業や化学工業というコンビナートの中核を担う産業が堅調を維持しえたのはなぜだろうか。

　その答えは、当該産業の担い手たちがコンビナートの高度統合を進め、高付加価値性の維持・向上に努めてきた点に求めることができる。コンビナートを新たに形成することは、日本ではもはや不可能である。その意味で、既存のコンビナートは、「希少財」である。コンビナート内に立地する石油企業や化学企業は、コンビナートの外部で互いに離れて立地する石油企業や化学企業に比べて、付加価値向上に向けてより多様な打ち手を講じることができる。それが、コンビナート地域における石油産業や化学工業が堅調を維持してきたことの、基本的な理由なのである。

　「希少財」としてのコンビナートには、港湾、工場用地、工場用水、物流施設などのインフラストラクチャはもちろんのこと、製造業に慣れ親しんだ人的資源、環境保全や安全保持を実現するシステムなど、有用な経営資源が豊富に存在する。それ

らは、石油産業や化学工業だけでなく、成長力を有する他の産業にとっても、大きな魅力である。やはり第Ⅰ部第1章で指摘した「(2006〜2017年に)出荷額と付加価値額が増加傾向にある地域は、四日市地区や大阪地区に見られるように電子部品など石油・化学以外の業種の伸びが著しい」という現象は、電子部品工業などの成長産業が、コンビナートが有する固有の魅力的な資産を再評価して、投資を拡大した結果だとみなすことができる。

　川崎コンビナートの一角を占める殿町地区には、かつていすゞ自動車の川崎工場が操業していた。いすゞ自動車が工場の操業を停止し、撤退した跡地は、2011年、「国際戦略総合特区（京浜臨海部ライフイノベーション国際戦略総合特区）」に指定され、「キングスカイフロント[8]」として「生まれ変った」。今やキングスカイフロントは、「世界的な成長が見込まれるライフサイエンス・環境分野を中心に、世界最高水準の研究開発から新産業を創出する殿町国際戦略拠点[9]」として、国内外からの注目を集める存在となっている。このケースでも、ライフサイエンス・環境分野の成長企業は、川崎コンビナートがもつ有形・無形の資産を積極活用する意思決定を行ったわけである。

　このように見てくると、コンビナートの堅調さを維持する秘訣が、石油産業や化学工業であるにしろ、他の産業であるにしろ、古いものを捨て新しいものを採り入れる新陳代謝にあるこ

---

8) キングスカイフロントの「キング（King）」は、「Kawasaki Innovation Gateway」の頭文字と、「殿町」の地名に由来する。
9) 川崎市『臨海部ビジョン〜川崎臨海部の目指す将来像〜』、2018年3月、125頁。

とがわかる。新陳代謝があるからこそ、コンビナートの持続可能性が担保される。比喩的に言えば、「変わるからこそ変わらない状態が維持される」。このメカニズムは、日本の老舗企業にも共通するものである[10]。

　新陳代謝が持続可能性を支えるという原理は、コンビナートや企業だけでなく、地域経済にもあてはまる。それどころか、人間の生き方そのものにもあてはまると言えよう。ヒトは、肉体的・精神的に新陳代謝を止めたとき、死を迎える。コンビナートもまた、その固有の資産を活かして新陳代謝を重ねない限り、生き続けることはできないのである。

10）この点については、例えば、前川洋一郎『なぜあの会社は 100 年も繁盛しているのか　老舗に学ぶ永続経営の極意 20』PHP 研究所、2015 年、参照。

参考文献

青木英一（1970）「四日市における工業の地域的展開」『地理学評論』第43
　　巻第9号.

井下田猛（2013）「房総の自治鉱脈−第10回−　京葉臨海工業地帯の造成
　　と県の対応」『自治研ちば』2013年2月号［vol.10］.

石井 晋（2001）「研究ノート：大分の石油・鉄鋼コンビナート建設をめぐっ
　　て」『学習院大学　経済論集』第38巻第1号.

稲葉和也（2002）「周南コンビナートの形成」，徳山大学総合経済研究所編『石
　　油化学産業と地域経済　周南コンビナートを中心として』，山川出版社，
　　31～77頁.

稲葉和也・橘川武郎・平野 創（2018）『コンビナート新時代　IoT・水素・
　　地域間連携』，化学工業日報社.

稲葉和也・平野 創・橘川武郎（2013）『コンビナート統合　日本の石油・
　　石化産業の再生』化学工業日報社.

上原 彩（2017）「臨海部の持続的発展に向けて」川崎市総合企画局都市政策
　　部『政策情報かわさき』第35号.

大分県商工観光労働部（2019））「大分コンビナートに係る大分県の取組に
　　ついて」，2019年5月.

大分コンビナート企業協議会（2013）「大分コンビナート競争力強化ビジョ
　　ン　世界に羽ばたくハイクオリティコンビナートを目指して」，2013
　　年2月.

大分コンビナート企業協議会（2019）「知っておどろく！　大分コンビナー
　　ト」.

荻野耕一（2019）「競争力強化に向けた"京葉臨海コンビナート"の持続的
　　成長」，2019年11月14日.

「石化コンビナート・決断を迎える8拠点　第1回周南コンビナート　電
　　解を核に複合化したコンビナート」，『化学経済』2007年4月号（2007），
　　化学工業日報社，27～33頁.

「石化コンビナート・決断を迎える8拠点　第6回水島コンビナート　競
　　争力強化へ基盤整備」，『化学経済』2007年9月号（2007），化学工業日
　　報社，64～72頁.

「石化コンビナート・決断を迎える8拠点　第9回泉北コンビナート（三井

　化学）　近隣リファイナリーとの連携探る」,『化学経済』2007 年 12 月
　号（2007）, 化学工業日報社, 57 〜 61 頁.

「社説　定修に関する規制改革を推し進めよ」『化学工業日報』, 2020 年 2
　月 13 日付.

鹿嶋 洋（2004）「四日市地域における石油化学コンビナートの再編と地域
　産業政策」『経済地理学年報』第 50 巻.

鹿島臨海工業地帯（2017）『KASHIMA　地域とともに発展し, 日本を支
　えるコンビナートの進化形』, 2017 年 4 月.

鹿島臨海工業地帯競争力強化検討会議（2016）『地域とともに発展し, 日本
　を支えるコンビナートの進化形 KASHIMA の構築　鹿島臨海工業地帯
　競争力強化プラン』, 2016 年 3 月.

川崎市（2011）『川崎港のあゆみ（改訂版）』.

川崎市（2018）『臨海部ビジョン 〜 川崎臨海部の目指す将来像 〜』, 2018
　年 3 月.

川崎市（2020）「工場の緑地整備に関する新たな制度ができました」（報道
　発表資料）.

橘川武郎（2007）「地域共生めざす千葉コンビナート」『電気新聞』, 2007
　年 6 月 25 日付.

橘川武郎（2013）「大分コンビナートの可能性」『電気新聞』, 2013 年 4 月
　16 日付.

橘川武郎（2019）「大分コンビナートは今」『電気新聞』, 2019 年 9 月 18
　日付.

橘川武郎・平野 創（2011）『化学産業の時代　日本はなぜ世界を追い抜け
　るのか』, 化学工業日報社.

橘川武郎・連合総合生活開発研究所 編（2005）『地域からの経済再生 – 産
　業集積・イノベーション・雇用創出 –』, 有斐閣.

京浜臨海部再編整備協議会（2020）「横浜・川崎臨海部工場立地図」.

嶋村敏孝（2012）「動き出した京浜臨海部でのライフイノベーション」川崎
　市総合企画局都市政策部『政策情報かわさき』第 27 号.

常陽産業研究所（2014）「鹿島臨海工業地帯の現状と展望」『JOYO ARC［調
　査］』2014 年 6 月号.

住友化学（2018）「愛媛工場・大江工場のレスポンシブル・ケア活動　環境・
　安全レポート 2018」.

住友化学(2018)「飼料添加物メチオニン新プラントが完成：愛媛工場で竣工式を開催」(プレスリリース 2018 年 10 月 4 日).

住友化学(2019)「飼料添加物メチオニン事業の競争力強化について」，プレスリリース 2019 年 10 月 1 日.

住友化学工業株式会社 編(1981)『住友化学工業株式会社史』.

住友化学工業 編(1997)『住友化学工業最近二十年史』.

石油化学工業協会 編(1981)『石油化学工業 20 年史』.

総合企画局都市政策部(1998)『政策情報かわさき』第 4 号.

瀧田 浩「『かわさき 21 産業戦略・アクションプログラム』の着実な推進に向けて」川崎市.

竹内淳彦(1990)「川崎臨海工業地区の展開とその性格」『新地理』第 38 巻第 2 号.

千葉県(2019)『明日のちばを創る！産業振興ビジョン』，2019 年 3 月.

千葉県・エネルギーフロントランナーちば推進戦略策定委員会(2007)『エネルギーフロントランナーちば推進戦略』，2007 年 6 月.

定期修理研究会(2020)「今後の定期修理の在り方に関する報告」.

中村 健(2001)「臨海部再編のシナリオ」川崎市総合企画局都市政策部『政策情報かわさき』第 10 号.

新居浜市(2016)「新居浜市ものづくり産業振興ビジョン(改訂版)」.

原田誠司(2007)「川崎市の産業政策と都市政策を考える：第 1 節川崎市における産業政策と都市政策の展開」専修大学社会知性開発研究センター・都市政策研究センター『川崎都市白書：未来創造都市・川崎』.

平井岳哉(2013)『戦後型企業集団の経営史』日本経済評論社.

平野 創(2016)『日本の石油化学産業　勃興・構造不況から再成長へ』，名古屋大学出版会.

平野 創(2020)「化学産業のオーラルヒストリー：小林昭生②」『成城大学経済研究』第 229 号.

前川洋一郎(2015)『なぜあの会社は 100 年も繁盛しているのか　老舗に学ぶ永続経営の極意 20』PHP 研究所.

増田寛也 編(2014)『地方消滅　東京一極集中が招く人口急減』中央公論新社.

増田寛也・冨山和彦(2015)『地方消滅　創生戦略篇』中央公論新社.

松井基一(2019)「老いるプラントを IoT で救え」『日本経済新聞』2019 年

9 月 25 日付.

三重県 (2003)「構造改革特別区域計画」.

水口和寿 (1999)『日本における石化コンビナートの展開』愛媛大学経済学
　研究叢書 10, 愛媛大学法文学部総合政策学科.

三井不動産株式会社 (1985)『三井不動産四十年史』.

三菱ケミカル株式会社・JXTG エネルギー株式会社 (2019)「鹿島地区・
　石油コンビナート連携強化に向けた有限責任事業組合の設立について」,
　2019 年 11 月 7 日.

四日市コンビナート先進化検討会 (2019)「平成 30 年度　四日市コンビナー
　ト先進化検討会報告書」.

四日市市 (2018)『平成 30 年度版　税務概要』.

四日市市環境部・四日市公害と環境未来館 (2019)『四日市公害のあらまし』.

渡邉恵一 (2004)「金融財閥と産業財閥」経営史学会編『日本経営史の基礎
　知識』.

参考 Web サイト

岩国市「岩国市まち・ひと・しごと創生総合戦略」, 2015 年.
　https://www.city.iwakuni.lg.jp/uploaded/attachment/19859.pdf
川崎市ホームページ「川崎港の歴史」.
　http://www.city.kawasaki.jp/kurashi/category/ 29 - 6 - 1 - 15 - 2 - 0 -
　0 - 0 - 0 - 0.html
川崎市ホームページ「川崎臨海部再生リエゾン研究会の概要」.
　http://www.city.kawasaki.jp/590/page/0000053541.html
川崎市ホームページ「川崎臨海部地区カルテ・アクションマップ」.
　http://www.city.kawasaki.jp/590/page/0000055844.html
川崎市ホームページ「法人の市民税」.
　http://www.city.kawasaki.jp/kurashi/category/ 16 - 5 - 2 - 3 - 1 - 3 -
　0 - 0 - 0 - 0.html
キングスカイフロントホームページ「キングスカイフロントとは」.
　https://www.king - skyfront.jp/about/
経済産業省大臣官房調査統計グループ「平成 30 年工業統計速報」, 2019 年.
　https://www.meti.go.jp/statistics/tyo/kougyo/result - 2/h30/
　sokuho/pdf/h30s - hb.pdf
財務省ホームページ「平成 29 年度 市町村別決算状況調」.
　https://www.soumu.go.jp/iken/zaisei/h29_shichouson.html
財務省貿易統計「品目別輸出額の推移 (年ベース)」.
　https://www.customs.go.jp/toukei/suii/html/data/y2.pdf
産業・環境創造リエゾンセンターホームページ「リエゾンセンターの紹介」.
　http://www.lcie - npo.jp/info/info02.html
JSR 株式会社ホームページ,「IR 情報」「先端技術への挑戦」「工場の
　IoT 化」「①ドローン」.
　https://www.jsr.co.jp/ir/individual/advanced.html　2019 年 12 月
　31 日検索.
住友化学ホームページ「バーチャル工場見学」.
　https://www.sumitomo - chem.co.jp/ir/individual/factory/
石油化学工業会ホームページ,「今後の定期修理の在り方に関する報告」,
　2019 年 12 月 25 日.

https://www.jpca.or.jp/files/activities/env_maint-07.
pdf#search=% 27 定期修理期間＋石油化学工業協会% 27
内閣府構造改革特区担当室，「第 1 弾認定された構造改革特別区域計画について」，2003 年 4 月 25 日.
https://www.kantei.go.jp/jp/singi/tiiki/kouzou2/sankou/
030425/030425keikaku.html
新居浜市ものづくり産業振興センターホームページ.
http://niihamagenki.jp/
四日市コンビナート先進化検討会のホームページ.
http://www.yokkaichikonbinato-senshinka.jp/
同「四日市コンビナート先進化検討会活動概要 (2020 年 4 月)」2020 年.
https://www.yokkaichikonbinato-senshinka.jp/pdf/result_01.pdf
四日市臨海部産業活性化推進協議会ホームページ「四日市臨海部のご紹介」.
http://y-rinkai.jp/introduction.html

あとがき

　2010年代は日本各地でコンビナートの競争力強化に注目が集まり、その実現に向けて着実に行動が重ねられた「コンビナートと地域がともに歩む10年」であったと評価できる。実際に、鹿島（鹿島臨海工業地帯競争力強化推進会議）、千葉（京葉臨海コンビナート規制緩和検討会議）、川崎（臨海部ビジョン有識者懇談会）、四日市（四日市コンビナート先進化検討会）、水島（水島コンビナート発展推進協議会）、岩国・周南・宇部（山口県コンビナート連携会議）、大分（大分コンビナート企業協議会）など各地でコンビナートの競争力強化に向けた会議体が設置されていった。

　そのなかで地域差こそあれ、第Ⅰ部第1章において示したように企業・行政等の努力の結果、日本のコンビナート地域はその活力を維持してきた。2006年と2017年におけるコンビナート地域における工業出荷額と付加価値生産額を比較するとほぼ変化がなかった。経済のサービス化が進んだり、新興国との競合などが生じたりする中でこの現況はかなり健闘していると評価してよいだろう。

　そして、コンビナートの存在は地域社会にも多大なる貢献をしている。コンビナートが立地する市町村は地方公共団体の財政力を示す指数（財政力指数）が高く、市町村税法人分（法人住民税）が相対的に大きい。それによって、コンビナートが立地する市町村に人々が移住する傾向もみられる。鹿島コンビナートが立地する茨城県神栖市に隣接している千葉県銚子市は神栖市

への人口流出に悩まされているという。日本経済新聞の記事によれば、「神栖市はコンビナートを抱え、銚子市からヒトもカネも吸い寄せる。(中略)コンビナートを抱える同市は銚子市に比べて福祉サービスや住宅購入の補助が手厚いうえ、地価は銚子市の7割ほど。コンビナートで働く人はもちろん、銚子市内に勤める人も続々と移り住みマイホームを構える」という(「崖っぷちの銚子再興への課題(上)止まらぬ人口減」『日本経済新聞』地方経済面千葉、2013年12月10日)。また、大分市は産業観光ガイドブックを作成し、コンビナートを観光資源の一つとすることも試みるなど、コンビナートと地域の関わり合いはより一層深くなってきている。まさにコンビナートは日本の地方に活力をもたらす存在となっている。

　本書の執筆を終えようとしている2020年4月、日本は新型コロナウィルスの感染拡大によって未曽有の危機に陥った。そのなかで、国内生産の重要性やコンビナートの社会的意義はより高まっている。日本国内に化学企業・工場が存在するからこそ、治療薬と期待されるアビガンの原料を迅速に国内で増産することが可能であるし、防護服の不足が叫ばれる中でその素材である化学材料に関しては不安がない。国際的なサプライチェーンが寸断される中で改めて国内生産の重要性を思い知らされる結果となっている。コンビナートが国内において果たす役割は一層高まるし、高めていかなければならない。

　蛇足ではあるものの本論において十分に議論することができなかった重要な論点を一つ追加するならば、それはコンビナート地域間における横連携である。各地でコンビナートの競争力

強化に向けた会議体が設置され、様々な試みが見られるものの、そうした知見が必ずしも地域間で共有されていない。2020年に石油化学工業協会が事務局となりまとめられた「定期修理研究会報告書」においても、経産省並びにコンビナート8地域の府県庁および代表企業コンビナートが集まり、コンビナート地域で取り組むべき課題を議論する「場」が必要であることが切実に訴えられている（定期修理研究会「今後の定期修理の在り方に関する報告」、2020年）。これまで中国経済産業局主催で開催されてきたコンビナートシンポジウムも休止される中、新たな会議体・シンポジウムの開催を切に要望したい。各地のノウハウが共有されれば、日本のコンビナートはより一層競争力が強化されることだろう。

　最後になったが、本書の刊行に際してお世話になった方々にお礼申し上げたい。前著も含めコンビナートの立地企業、行政、RING等も含む業界団体の方々にも大変お世話になった。特にコンビナート競争力強化を目指して設置された複数の会議体に参加できたことは、かけがえのない経験であった。多くの自治体関係者にお礼申し上げたい。また、『コンビナート統合』執筆時から蓄積した多数の資料も見返し、改めて多くの示唆を多数の方々から受けたことを再認識した。化学工業日報社の安永俊一氏、増井靖氏、吉水暁氏には本書の刊行の機会を頂くとともに校正等で大変お世話になった。第1章の執筆に際しては、データ作成にあたって、成城大学大学院平野研究室に在籍していた佐々木幸平君にもお世話になった。ここで全員のお名前を記すことはできないことをお詫び申し上げたい。

すでに本書を含むコンビナート三部作において明らかにしたように、日本のコンビナートが今なお力強く存続し、一定の競争力を保持している。それは企業や行政、業界団体などの不断の努力の成果である。今後も日本のコンビナートが競争力を高め、日本経済や地域に貢献することを期待するとともに、今後の更なる発展を信じてこのコンビナート三部作を締めくくりたい。

2020 年 11 月

共著者を代表して

平野　創

◎著者略歴

稲葉 和也（Inaba, Kazuya　1963年－）
山口大学大学院技術経営研究科教授。博士（学術）。1988年明治大学政治経済学部経済学科卒業、積水化学工業株式会社勤務を経て、1995年明治大学大学院経営学研究科博士後期課程退学。徳山女子短期大学経営情報学科助教授、徳山大学経済学部教授を経て現職。著書に「周南コンビナートの形成」（徳山大学総合経済研究所編『石油化学産業と地域経済－周南コンビナートを中心として－』、2002年、山川出版社）、『地域と企業－山口県コンビナート関連企業を中心に－』（2004年、徳山大学総合経済研究所）など。

（執筆担当：はしがき、第2章、第7～9章）

平野 創（Hirano, So　1978年－）
成城大学経済学部教授。博士（商学）。2002年東京都立大学経済学部経済学科卒業、2008年一橋大学大学院商学研究科博士後期課程修了。一橋大学大学院商学研究科特任講師、成城大学経済学部専任講師、准教授を経て現職。著書に『日本の石油化学産業：勃興・構造不況から再成長へ』（2016年、名古屋大学出版会）、共著・編著に『化学産業の時代』（2011年、化学工業日報社）、『出光興産の自己革新』（2012年、有斐閣）、『日本の産業と企業』（2014年、有斐閣）など。

（執筆担当：第1章、第5～6章、第11章、あとがき）

橘川 武郎（Kikkawa, Takeo　1951年－）
国際大学大学院国際経営学研究科教授。1975年東京大学経済学部経済学科卒業、1977年同経営学科卒業、1983年同大学院経済学研究科博士課程単位取得退学。経済学博士。青山学院大学経営学部助教授、ハーヴァード大学ビジネススクール客員研究員、東京大学社会科学研究所教授、一橋大学大学院商学研究科教授、東京理科大学大学院イノベーション研究科教授を経て現職。著書に『化学産業の時代－日本はなぜ世界を追い抜けるのか』（2011年、化学工業日報社、共著）、『危機に立ち向かう覚悟－次世代へのメッセージ』（2013年、化学工業日報社、共著）など。

（執筆担当：第3～4章、第10章、第12～15章）

コンビナートと地方創生

稲葉 和也

平野　創　著

橘川 武郎

2020年11月24日　初版1刷発行

発行者　織田島　修
発行所　化学工業日報社
〒103-8485　東京都中央区日本橋浜町3-16-8
電話　03(3663)7935(編集)／03(3663)7932(販売)
Fax.　03(3663)7929(編集)／03(3663)7275(販売)
振替　00190-2-93916
支社　大阪　支局　名古屋、シンガポール、上海、バンコク
URL　https://www.chemicaldaily.co.jp

印刷・製本：ミツバ綜合印刷
DTP：ニシ工芸
カバーデザイン：伊藤デザイン事務所
ISBN978-4-87326-728-9　C3043